未读 | 探索家

UNREAD

宇宙时空穿越指南

私たちは時空を超えられるか

[日] 松原隆彦 著

曹倩 译

序

本书不仅为各位读者朋友提供了丰富的插图和照片，还能让您充分享受“思考宇宙”的乐趣。阅读本书可以让您仿佛自由地在时间和空间中旅行，对“宇宙”这个话题展开思考。我撰写本书的初衷不仅是为大家提供知识，更多的是希望这本书能成为一本充满乐趣的读物。

近几年，市面上出现了许多关于宇宙的新书或专著，其中大部分着眼于为大众解释“宇宙是什么”这个问题。我本人也写过几本这样的书。我注意到很多读者不仅想了解宇宙，还想享受思考宇宙的乐趣。

因此，我在书中加入了许多插图和照片，并附上了说明文字，为的是让各个知识水平的读者都能对与地球完全不同的世界展开想象与思考。

当然，为了让大家充分享受思考宇宙的过程，我用简单易懂的文字对必要的知识进行了说明。因此，即便您对宇宙一无所知，阅读本书也不会有任何障碍。可能书中有些内容有点儿难懂，但我认为即便跳过这些部分的说明，只阅读结论，也足够有趣了。

本书的内容大致围绕三个话题展开：

首先是“时间”。针对人类能否乘坐时光机去往未来或过去这个话题，我将展开想象，根据物理学原理进行说明。

其次是“空间”。这个话题让人思考人类如何飞出地球前往宇宙、宇宙的尽头是什么，以及人类如何利用极为先进的宇宙飞船进行太空旅行。

最后是“在超越时间与空间的地方有什么”。从这里开始，我将带领大家进入推测的世界，从物理学角度来思考，在不过于荒诞无稽的前提下，为大家介绍可能出现的情况。

希望各位读者在阅读完本书后，能够尽可能地对宇宙增添一分亲近感。

松原隆彦　2018年9月

在最新理论的带领下，

来一场前往宇宙的过去、未来和尽头的旅行吧！

目 录

第1章

1 写给希望回到过去的你

2 前往未来

第2章

5 写给想尽可能去远方的你

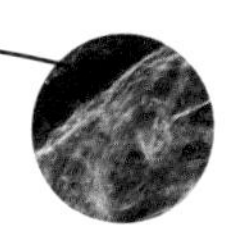

6 去往太阳系之外

7 去往银河系之外

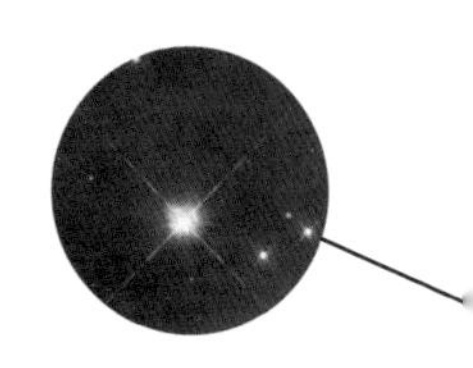

第3章

9 穿越时空后有什么

第1章

所谓“时空”，就是时间和空间的总和。首先，我们先思考一下“时间”的问题。在人们的固有思维中，时间与空间不同，只有从过去到未来这一个发展方向，并且速度始终保持一致。但事实果真如此吗？难道人类就不能想办法创造一台可以自由穿梭时间的时光机吗？我相信很多人都有过这样的想法或愿望。

令人惊讶的是，物理定律并没有否定时光机的存在。那么接下来，围绕“去往未来和回到过去是怎么回事”这个话题，让我们开启一场探索之旅吧。

1 写给希望回到过去的你

1.1 如果我们能够回到过去

如果可以的话，我想回到过去。我相信每个人都有过这样的想法。如果当下不是迄今为止人生中最幸福的时刻，那么你可能会有“比起现在，回到过去更好”这样的念头。如果能够回到那时的自己该有多好啊。虽然我们心里都明白，这种眷恋过去的情感其实无济于事，但对过去的追忆总是既甜蜜又带有一丝苦涩的。究竟人类有没有办法回到过去呢?

认为过去更好是人之常情，但人们总是会忘记过去不好的回忆，这也是事实。一想到过去发生的趣事、让人开心的事，人的心情就会不由自主地愉快起来，因此人们总是会回忆那些美好的过往；讨厌的事情会令人心情低落，所以人们会不自觉地想要淡忘那些不好的回忆。渐渐地，只有好的回忆在心中不断扩张，“过去”被我们自己粉饰得无比美好。如果我们真的回到过去，或许就会发现，其实过去也没有自己想的那么好。

如果曾经历一次无可挽回的甚至可以左右自己人生的巨大失败，人们总是想要回到过去尽量弥补过错。人生往往被一些小事左右，这些小事对我们产生的影响可好可坏。但这些事越是会造成致命影响，我们越是渴望重新来过。

时光倒流是当今人类绝对无法实现的一个愿望。但是，过去是绝对回不去的吗？

在日常生活中，人们已经完全接受了无法回到过去这件事。但仔细想想，你就会好奇我们无法回到过去的原因。

平时，如果我们走错了路，只要原路返回，从起点重新出发就可以了。但同样地，想回到过去的时间，重新来过，却无论如何也做不到。人在空间中可以自由往来，但在时间中却无法自由地前进和返回。

人们对过去的怀念

从物理学角度来看，时间和空间一样，都是可以用数值来表示某个事物的一个维度。但即便如此，时间的性质和空间的性质也有着本质上的区别。时间只能从过去流向未来，方向是单一的。但从人类的角度来看，毫无疑问，时间来自未来，又仿佛汹涌的波涛一般涌向过去。那么，从不同角度来看，似乎颇为矛盾的“时间”究竟是什么呢？

1.2 未来的记忆

如果人真的能够回到过去，就会出现前后矛盾。如果真的有人能够让自己的时间倒流，会发生什么呢？

首先，这个人要拥有未来的记忆。如果一个人回到过去，却不记得“未来”的事情，那就不能说他回到了过去。这个人只不过是在对未来毫不知情的情况下重复了一遍人生而已。为了真正称之为“回到过去”，就必须将“未来”的记忆一起带回过去的某个时间点。

通常情况下，人只拥有过去的记忆，而没有未来的记忆。但令人感到不可思议的是，穿越到过去的这个人在拥有过去记忆的同时，也拥有未来的记忆。试想一下，当一个人站在人生的岔路口时，如果朝着与“未来”记忆不同的方向前进，会出现什么样的结果呢？其实从这时起，这个人就已经走上与记忆中的“未来”不同的道路了。

也正是从这时起，这个人所拥有的对未来的记忆将不

拥有未来记忆的人

再准确。他记忆中的那个世界已经荡然无存，他只能活在另一个现实中。换句话说，这个人迷失在了平行世界中。

最终，即便是穿越到了过去，这个人也无法走自己记忆中的人生道路。这是因为未来的记忆会将过去的自己变成另一个自己，那已经不是当初怀念的过去的自己，而是另一个人了。所以穿越回去后，即便时间正常前进，自己也无法成为原本的自己了。

因此，即便人类有办法回到过去，也无法到达还没有穿越回去时的“现在”的自己，这一趟“时光穿梭”只能是一张“单程票”。一旦不只是怀念过去的自己，而是认真思考“回到过去”这件事，就会有很多这样令人不可思议的疑问涌现。

1.3 哆啦A梦的时光机

那么问题来了，人类能否发明一台哆啦A梦那样的时光机呢？这样就不是变回过去的自己，而是现在的自己直接去往过去或未来了。这样一来，即使过去的自己犯过再大的错，自己也可以回去提醒自己了。现如今，时光机的发明或许只是个梦，但将来有一天它可能会成为现实，因为科学技术的发展已经将许多过去不可能的事情变成了可能。

在漫画中，哆啦A梦出生于2112年，而人类在2008年时已经发明了时光机。但遗憾的是，在现实中，2008年时光机并没有被发明创造出来，并且在不久的将来也不太可能被发明出来。但如果在遥远的未来，人类拥有足够先进的技术，是否就能够发明时光机了呢？

哆啦A梦的时光机可以自由地穿梭于从过去到未来的任何一个时代。一般来说，提到时光机时，人们想象的都是这样的机器。

但如果真的使用了这样的时光机，过去就会被改变，最终的结果就是现在的世界发生改变，并且出现许多矛盾的事情。在《哆啦A梦》的故事中，作者对这个问题做了非常模棱两可的描述。比如，野比大雄的孙子的孙子野比世修为了让大雄的人生过得更好，从未来穿越到了过去。原本大雄在未来会与胖虎的妹妹结婚，最终却因为世修的插手，而与静香结了婚。

这样一来，原本是大雄与胖虎妹妹的后代的那个人应该就不存在了。但在《哆啦A梦》的故事设定中，不知道为什么，世修仍然作为静香的后代而存在。这怎么可能呢?

如果人类真的发明了能够穿越到过去的时光机，就像我们想要回到过去的自己一样，很多奇怪的问题就会不断出现。

2 前往未来

2.1 去往未来的时光机在理论上是可能的

说到时光机，很多人可能觉得这种东西只存在于幻想小说中，但事实上并非如此。接下来，让我们一起从物理学的角度来思考，时光机在现实中能否实现吧。物理学是探索自然界的基本规律或原理的一门学科。违背物理学规律的技术是绝对不可能实现的；反之，只要遵循物理学规律，人类技术就会不断革新与进步，会带来更多可能性。

从理论上来说，如果违反了物理学规律，那么无论今后人类的科学技术多么先进，人类都发明不出时光机。但事实上，从理论上来讲，人类可以在不违背物理学规律的前提下，发明一台去往未来的时光机。虽然将人类这种大小的东西送往遥远的未来，在当今的技术条件下还难以实现，但将一些很小的粒子送到未来却很容易。这类事其实在我们日常生活中时常发生，只不过我们意识不到而已。

首先，要说一件显而易见的事，那就是我们人类哪怕什么都不做，也能够以秒为单位向未来匀速前进。我们可以将这个过程看作人类正坐在一台匀速、单向行驶且不可操控的时光机上。仔细想想，这确实有些奇妙，但这就是我们最普通的日常。这可以说是最“无聊”的时光机了吧。这种时光机事实上只是自然的时间流逝，而不是我们所幻想的那种任意穿梭于过去和未来的时光机。

想要能够真正称得上“去往未来的时光机”，就需要在我们人类感受到的1秒时间内，周围世界的前进速度快于1秒钟。具体来说就是，在我们感受到的1秒钟时间内，如果周围的世界前进了1年，我们相当于利用时光机瞬间来到了1年后的世界。如果有这样一台机器，我们就可以用10秒钟到达10年后的世界，用100秒钟到达100年后的世界了。

这种时光机并没有违背物理学规律，并且能够用爱因斯坦提出的相对论来解释。根据这个理论，从静止物体的角度来看，运动着的物体的时间流逝会变慢。但是，在我们的日常生活中，这种时间流逝的速度差异过于微小，我们根本感受不到。当运

爱因斯坦指出，运动中的人的时间相对过得更慢

动的速度接近光速时，时间的流逝会变得非常缓慢。这种现象在相对论中被称为“浦岛效应”[①]。光速约为每秒30万千米，是乘坐现有的任何交通工具都无法体验到的速度。

2.2 相对论中的浦岛效应是什么

从理论上来说，如果某个人以无限接近光速的速度去某地旅行，然后返回，那么这个人所度过的时间会极其缓慢。比如，快速移动的人感觉自己只度过了3年的时光，但其实周围的世界可能已经过了好几百年。

相对论是20世纪初爱因斯坦提出的物理学理论，实验已经充分证实了它对现实世界的描述，并且没有发现与之相违背的现象。浦岛太郎在龙宫生活期间，如果本质上是他以极快的速度进行了一场宇宙旅行的话，那么从物理学理论来看，这个荒诞故事是有可能发生的。

不过，要实现浦岛效应，物体必须以无限接近光速的速度移动。比如，想让时间流逝的速度放缓至原来的一半，物体的速度就必须达到光速的87%。

在浦岛太郎的故事中，浦岛太郎在龙宫生活了3年，但

① 以日本神话中的浦岛太郎命名。浦岛太郎是一个渔夫，他救了龙宫中的神龟，神龟为了报答太郎便带领他去了龙宫。太郎得到龙王女儿的款待，可不久后太郎就想家了，临别之时，龙女赠送他一个玉箱，告诫他不可以打开它。太郎回家后，发现认识的人都不在了。原来太郎在龙宫住了几天，而人间已经过去了几百年。——编者注（本书注释均为编者注，以下不再标注）

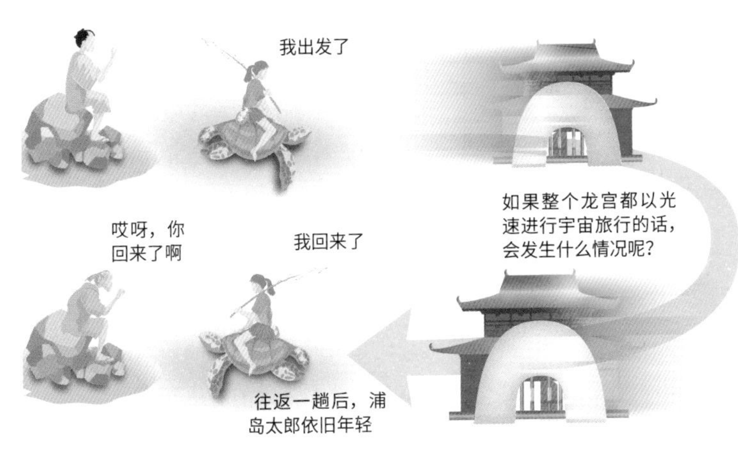

如果龙宫以光速99.999%的速度在宇宙空间往返了一趟的话……

他原本居住的世界已经过去了700年，时间流逝的速度大约是在龙宫时的233倍。如果这是通过相对论中的浦岛效应来实现的话，那么在此期间，就需要浦岛太郎和龙宫共同以光速的99.999%的速度在宇宙空间中移动。这也是为什么有些说法会认为，如果浦岛太郎的故事真实存在的话，浦岛太郎其实是被外星人带走，去太空旅行了。

不用说浦岛太郎的时代，即便是现代社会，人类也不具备以接近光速的速度移动的技术。就算是喷气式飞机，最多也只能达到光速的0.000 1%。这种情况下虽然能够产生极其微弱的浦岛效应，但是时间差仅能达到0.000 000 000 04%左右，这点微弱的时间差人类根本感受不到。

时间无法被封存在箱子中

但是，即便浦岛太郎能够在浦岛效应的理论基础上去往未来，逝去的时间也绝不会被封存在玉手箱中。人类即使去了未来也不会一下子就变老，而是在未来的世界里，遵循从年轻到年老的顺序逐渐老去。这样想来，在龙宫公主乙姬给浦岛太郎的玉手箱里，恐怕是一种在相对论体系之外的、用现代科学无法解释的变老药吧。

2.3 微弱的浦岛效应经常发生

然而，物体无论以怎样的速度移动，都会产生微弱的浦岛效应。现如今，人们坐新干线从东京去往大阪已是稀松平常的事，这两个城市间的距离为500千米左右。为了容易计算，假设以每小时250千米的速度从东京直达大阪，中间不停靠其他车站——要跳过名古屋站和京都站，可能会引起这两个地方居民的不悦——所需时间正好是2个小时。

这样的话，乘坐新干线的人的时间就会比静止不动的人慢五十亿分之一秒，也就是0.2纳秒[①]。人类虽然感受不到

① 纳秒：时间单位，一秒的十亿分之一。

这微小的时间差，但确实到了未来。如果一个人从东京出发到大阪出差，当天就回来的话，这一天就比24小时短了0.4纳秒。

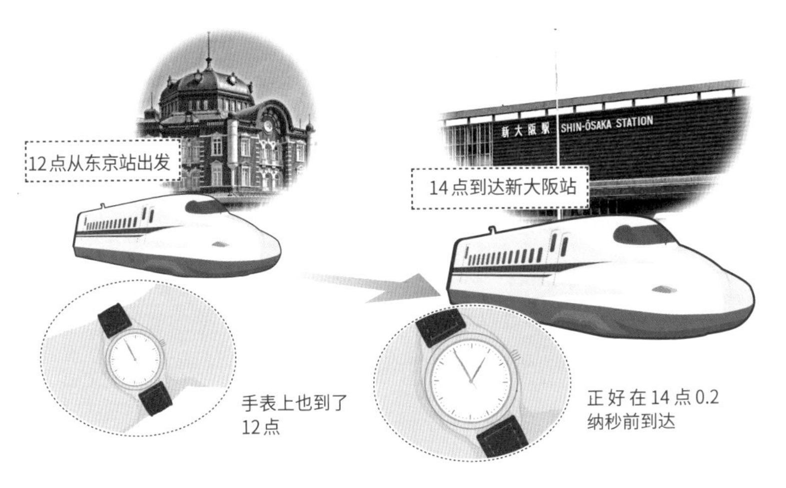

如果一个人乘坐时速250千米的新干线而中间不停靠其他站的话……

这样反复几次，你就能比周围的人更年轻一些。也就是说，想年轻1岁的话，只要这样往返10京[①]次就可以了，但要做到这一点，就必须连续乘坐新干线几十兆[②]年，显然这是不现实的。因此，为了更高效地推进时间，还需要进一步提高移动速度。然而，由于地面上存在空气阻力，即使移动速度再快，也是有上限的。

迄今为止，人类历史上在宇宙中高速移动时间最长的

---

① 1京等于10的16次方。

② 1兆等于10的12次方。

人是俄罗斯宇航员根纳季·帕达尔卡。他曾在俄罗斯的和平号空间站和国际空间站长时间停留过5次，在太空中共停留了879天。在此期间，他以每小时27 000千米的速度在太空中飞行，因此他迄今为止经历的时间相较其他人短了0.02秒。也就是说，他花了879天，只前往了未来0.02秒（虽然受重力影响，地球上的时间多少会慢一些，但在根纳季的这种情况下，浦岛效应的影响更大）。

耗费如此长的时间才向未来前进了那么一点儿，说这就是穿越到了未来多少有点儿牵强。但这只是程度上的问题。只要人类能够以更快的速度移动，就能够更为省时地穿越到更久远的未来。这个问题仅仅取决于移动的速度。所以重复一遍，穿越到未来，是可以在不违背物理学规律的前提下实现的。

国际空间站

图片来源：NASA

宇航员根纳季·帕达尔卡

图片来源：NASA

2.4 从天而降的缪子[①]是时间旅行者

事实上，要让运载人类的宇宙飞船那么大的物体以接近光速的速度移动是很难的，但让很微小的粒子以接近光速的速度移动却很容易。在宇宙空间中，由粒子形成的叫作“宇宙线”的放射线交错纵横，这些粒子以接近光速的速度移动。宇宙线一旦进入地球，就会与包裹着地球的大气层发生反应，变成与原本粒子不同的各种粒子。其中有

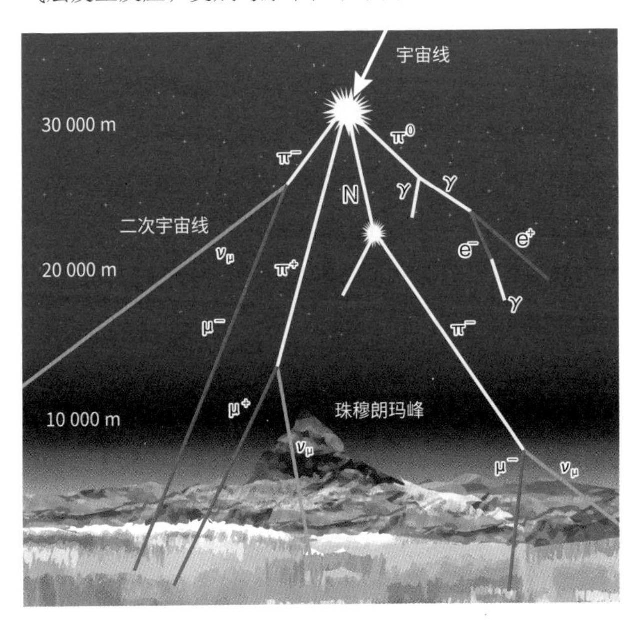

宇宙线生成各种粒子，特别是很多 μ 粒子会来到地球上

① 英文名为 muon，也叫 μ 粒子，是一种基本粒子。

大量被称为“μ粒子”的基本粒子到达地球。

μ粒子是一种带有负电荷、与电子十分相似的粒子。虽然比电子重200倍还多，但μ粒子的其他性质几乎与电子完全相同。然而，与电子不同的是，μ粒子无法稳定存在，寿命十分短，即使产生了，也会很快衰变成电子或中微子等其他粒子。因此，它在日常生活中并不常见，我们也没有多少机会听到它的名字。

从宇宙线中新诞生的μ粒子的平均寿命为2微秒左右。1微秒等于一百万分之一秒，也就是说，μ粒子只能存活五十万分之一秒。大气中诞生的μ粒子的速度无限接近光速，每秒约为30万千米。因此，如果μ粒子和地球上的人类感受到的时间相同，它一生能够前进的距离就是30万千米的五十万分之一，即600米左右。

但事实上，μ粒子可以在穿过大气层后飞行约10千米，最终到达地球表面。这是因为μ粒子可以以接近光速的速度前进，这促使了浦岛效应的产生，使μ粒子的时间流逝速度比地球表面的时间流逝速度要慢得多。μ粒子本身的寿命并没有发生变化，但从地球上的时间来看，其寿命却大幅延长了。

我们转换一下视角，再来思考一个问题，如果能够和μ粒子一起移动的话会发生什么呢？其实，在极速前进的μ粒子看来，周围的世界会朝着前进方向大幅收缩。也就是说，在我们看来，μ粒子前进了10千米左右，但对于μ粒子来说，这10千米的距离只不过是100米左右。因此，

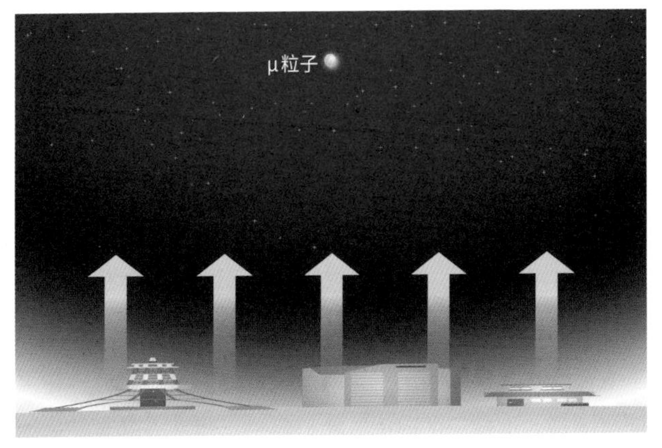

从 μ 粒子的视角来看，周围的景色会朝着前进方向大幅缩小

μ 粒子可以在自己的有生之年就到达地球表面。

若是第一次听到这个说法，很多人可能会觉得有些矛盾，但这是事实。根据相对论所述，迅速移动的物体之间会产生不同的时间流逝速度与空间尺度。由于我们人类从未体验过那么快的速度，因此基于我们自身的经验去思考这件事，我们就会感到这不合常理。然而从理论上来看，这件事毫无矛盾之处，并且在现实世界里就是这样发生的。

也就是说，在高空中，由宇宙线产生的 μ 粒子，在与地表不同的时间流逝速度和空间尺度中前进。如果没有相对论中的浦岛效应，在距离地表10千米的高空产生的 μ 粒子在到达地表前生命就终结了。然而，由于以接近光速的速度移动，μ 粒子得以从地表的时间流逝规律中“解放”出来，它不再遵循一秒钟的时间只流逝一秒钟的规律，它能够前往自己的死期之后的未来时间。因此可以说，μ 粒子是降临到地球上的时间旅行者。

2.5 去往遥远宇宙的观光旅行

与 μ 粒子一样，如果人类能够以接近光速的速度移动，通过浦岛效应，我们就可以制造出前往未来的时光机。如果人类乘坐速度极快的宇宙飞船去遥远的太空旅行一趟再回来的话，地球上的时间其实已经过了很久。并且，这场旅行不仅是去往未来的时光之旅，还是一场去往遥远太空的观光之旅。

要想实现这场去往未来的时光之旅，人类就必须拥有速度与光速相当的宇宙飞船。但宇宙飞船从静止状态突然提速时，会对里面的人类施加一股巨大的力。这就好比每当汽车或电车加速时，人都会有被向后推的感觉，这种力在物理学中叫作“惯性力”。当物体的速度发生变化时，有一个力会作用在这个物体上。如果加速过快，惯性力就会变大，人的身体就会承受不住这个力。

惯性力如果过大，对人类来说危害很大，但适度的惯性力反而可以为我们所用。这是因为惯性力与重力具有相同的性质。

因为太空中是失重的，所以太空和里面的所有物体都是轻飘飘的，并不适合已经适应了地球重力的人类居住。此外，如果没有重力的话，人类的肌肉力量会迅速衰退。

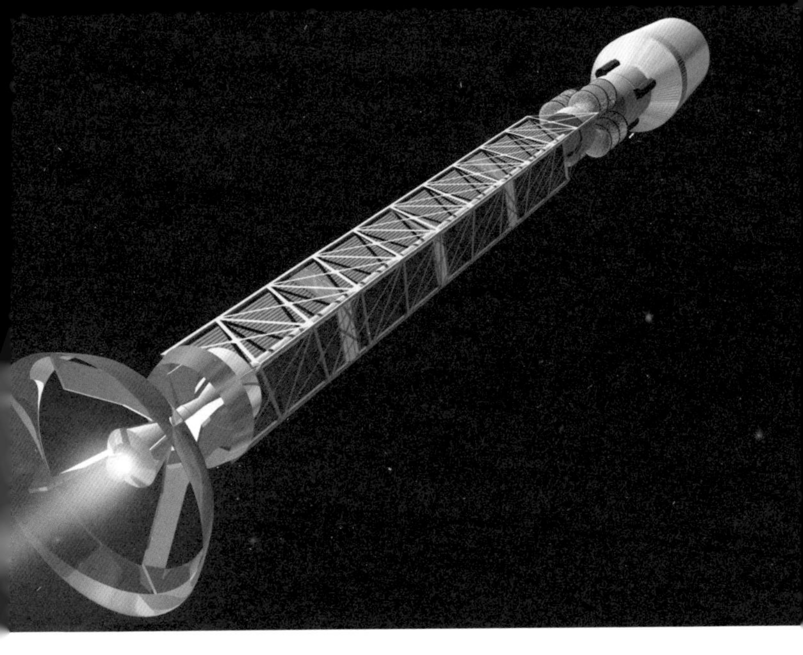

未来能够在恒星间旅行的宇宙飞船（设想图）

图片来源：NASA/MSFC

因此，只要将宇宙飞船加速时所产生的惯性力调整到与地球上的重力相同的水平，人类在宇宙飞船中就可以拥有与地球相同的重力环境，并能舒适地生活了。

为了实现这个目标，只要让宇宙飞船每秒增加9.8 m/s的速度即可，也就是说加速度为9.8 m/s^2。这个加速度与地球上物体下落的加速度一致，而“9.8 m/s^2”这个加速度被称为“地球的重力加速度”，用“1g”来表示。以1g的加速度运行的物体会产生和地球重力相同的力。如果能够将宇宙飞船的加速度保持在1g，并持续飞行1年，那么它的速度就可以接近光速了。

2.6 宇宙往返旅行计划与1g宇宙飞船

现在假设速度每秒增加9.8 m/s，试着简单计算一下，那么，1年后的速度应该是9.8 m/s^2 × 60秒 × 60分 × 24时 × 365天，计算结果约是310 000 km/s。目前已知光速约为300 000 km/s，所以这个速度已经超过了光速。但要注意的是，这个计算方式并不正确。因为在相对论中，并没有采用这种单纯的提高速度的方法，物体运行的速度越接近光速，就越难以加速，要达到光速就需要有无限的力做支撑。因此，在现实中，我们将永远无法超越光速。

如果在考虑相对论的基础上进行正确计算的话，从地球上来看，1年后这艘宇宙飞船的速度应该能达到光速的

宇宙飞船如果以1g的加速度运行，就会受到与地球重力相同的力的作用，人类便可以在宇宙飞船中舒适地生活

72%左右。在如此高的速度下，就会出现浦岛效应。人类如果真的能以地球的重力加速度在太空中进行以年为单位的旅行，那么就能够去相当遥远的未来了。

为了实现这种去往未来的太空旅行，宇宙飞船的速度越快越好，但如果速度过快，就很难在到达目的地时停下来。我们生活中的交通工具也是如此，如果一味地追求加速，在到达目的地时就会因速度过快而开过头，想要在目的地停下来就必须减速；但如果突然减速，人还是会在惯性力的作用下受到力的挤压，所以严禁急刹车。如果在减速过程中也施加1g的地球重力加速度，就能逆转力的作用方向，这样一来就和加速的过程一样，在宇宙飞船内打造正好适合人类的重力了。

在太空旅行期间，为了使宇宙飞船舱内始终保持1g的重力，需要在到达目的地前的中间地点由加速转换为减速。具体来说就是，宇宙飞船出发时是静止的，在朝目的地前进时以1g的加速度加速，在到达中间的位置时达到最大速度，随后就开始减速，然后到达目的地。这样一来，在宇宙旅行期间，就能创造出与地球上相同重力的舒适环境了。

从目的地返程时，也是相同的做法，宇宙飞船朝着地球的方向以1g的加速度前进，然后在中间位置切换为减速。如此一来，宇宙飞船就可以顺利地停在地球上了。

如果能够实现这样的旅行，那么相对论中的浦岛效应就会产生，人类就可以降落到未来的地球上。像上述这样，

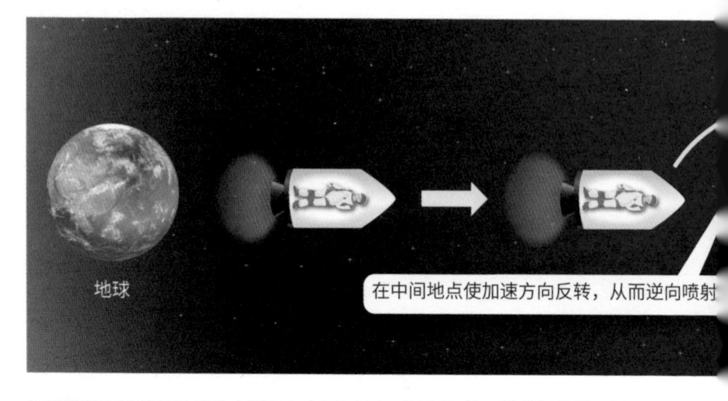

如果能够在到达目的地的中间地点实现加速与减速的切换，就能够始终保持1g的环境

始终保持1g加速度运行的宇宙飞船，我们便将其称为“1g宇宙飞船”。

2.7 1g宇宙飞船与浦岛效应

为了产生浦岛效应，这个1g宇宙飞船的速度必须非常接近光速。而想要实现这个目标，至少需要好几年的时间。

1g宇宙飞船应该在起点和目的地的中间点达到最高速度。而如果这趟太空之旅只进行1年，那么最高速度仅为光速的25%左右，能够借由相对论的浦岛效应“赚”到的时间差也仅为1%左右，即耗费1年的时间也只能去4天后的未来。这样算下来，花费的时间比穿越的时间要长得多，所以感觉这不太像时光机。

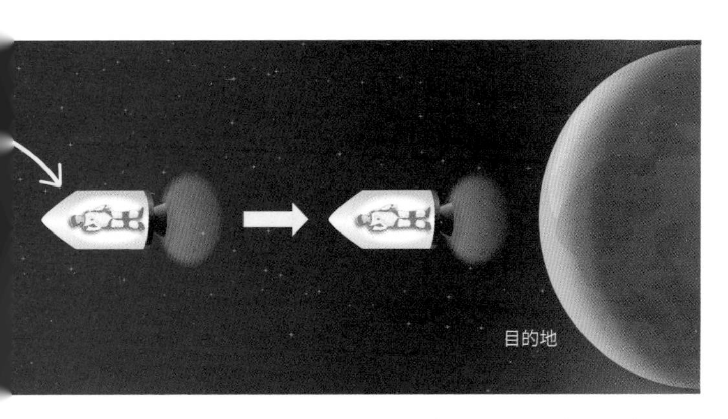

想要穿越的时间比花费的时间长，需要多长时间呢？大约需要8年的时间。如果正好进行10年的往返旅行的话，就可以穿越到15年后的未来，也就是说，地球上的时间过去了25年。更形象地解释一下，如果一个人20岁的时候出发，30岁的时候返回地球，那么他的同学都已经45岁了，而这个人则比其他人年轻了15岁。

在这场旅行中，你花费的时间越多，就越能够去往更遥远的未来。因为随着宇宙飞船的最高速度越来越接近光速，它处于这个速度的时间也会增加，浦岛效应的效果也会随之增强。如果能够飞行数十年，地球上的时间对于旅行者来说便会急速流逝。虽然刚才我们计算过，如果这场旅行耗时10年，回到地球后只穿越了15年的时间。但是，如果这场旅行能够耗时20年的话，我们就能够穿越320年的时间；如果是30年的旅行的话，我们就可以穿越4 000年以上的时间了。旅行时间每增加10年，可以穿越的时间就能增加一个数量级。

下表为利用1g宇宙飞船进行地球和宇宙的往返旅行时，往返时间和地球上度过的时间的对照表。如果有读者朋友对这张表的计算方法感兴趣的话，请参照本书最后附录中的计算公式。

往返所需时间	地球上度过的时间	最远到达距离
1年	1年零4天	0.065光年
2年	2年1个月	0.26光年
3年	3年4个月	0.61光年
4年	4年9个月	1.1光年
5年	6年6个月	1.8光年
6年	8年8个月	2.8光年
7年	11年6个月	4.1光年
8年	15年	5.8光年
9年	19年7个月	8光年
10年	25年	11光年
20年	338年	167光年
30年	4464年	2230光年
40年	5万9000年	2万9500光年
50年	78万年	39万光年
60年	1030万年	514万光年
70年	1亿3600万年	6790万光年
80年	18亿年	9亿光年

乘坐1g宇宙飞船，可以去往未来的地球

2.8 发射火箭一般需要大量的燃料

从理论上来看，如果乘坐1g宇宙飞船，人是可以前往未来的。这个“从理论上来看”指的是在不违背物理规律的前提下。但事实上，如果想要打造这样一艘宇宙飞船，我们还必须攻克许多技术上的难题。

2009年，联盟TMA-16号从哈萨克斯坦拜科努尔航天发射场发射升空

图片来源：Unsplash/NASA

其中最大的问题是宇宙飞船怎么使用燃料。宇宙空间中没有东西可以作为宇宙飞船发射的着力点。一般的火箭是向后喷射高温气流，利用其产生的反作用力来产生前进的动力。想必大家应该都看过火箭发射的画面吧。火箭的发动机会以惊人的速度喷射出高温气体。

而在宇宙空间中，由于没有支撑点，无法采用这种向后喷射物质的方式来获得推动力。

因此，为了获得足够的推动力，所需的燃料消耗必然是巨大的。那么在发射前就要在宇宙飞船上储存大量燃料。具有讽刺意味的是，为了运载这些燃料，会消耗绝大部分燃料。从地球发射到宇宙的火箭中，绝大部分重量都被燃料占了。

以目前采用化学燃料的火箭运行技术来看，要让1g的加速度持续几十年，需要超过宇宙飞船本身重量几兆倍的燃料。如果人类发明了以核能作为推动力的火箭，情况就会好一些。即使如此，它可能也只能航行几年。

20世纪50年代至60年代，NASA曾试图研发通过多次引爆小型核弹来推进火箭运行的技术（参考下图）。如果使用这种火箭，往返于地球和冥王星之间只用1年就够了。但由于在这种火箭发射时，引爆小型核弹产生的污染物质会落到地球上，危险性极高，因此计划不得不被搁浅。

20世纪50年代至60年代，在NASA的老“猎户座”计划中，曾考虑用核爆的方式推动火箭。它与现在的“猎户座”计划不同

图片来源：NASA/MSFC

2.9 不携带燃料的宇宙飞船

对于燃料过于庞大这个问题，解决方法之一是，宇宙飞船运行时所需的燃料不与宇宙飞船一同运输。比如，从地球向宇宙飞船发射极强的激光束，激光的能量可以使宇宙飞船加速。但如果宇宙飞船的速度已经接近光速，这个方法便无效了，因为激光的能量在宇宙飞船接收到时就已经减弱许多了。

要想在不运输庞大燃料的情况下获得推动力，其实还有一种方法，那就是在宇宙飞船航行途中收集燃料。太空并非完全真空，主要由氢构成的星际物质飘浮在这里。宇

使用“聚变冲压式喷气发动机”的火箭（设想图）

图片来源：NASA/MSFC

宙飞船可以收集这些星际物质，使其核聚变从而产生核能，并利用核能使收集的星际物质从飞船后方喷出来，获得推动力。这种理想中的火箭被称为“聚变冲压式喷气发动机”，于1960年由物理学家罗伯特·巴萨德设想出来。以接近光速前进的宇宙飞船，前方会有大量的星际气体，如果不采取任何措施，这些星际气体只会阻碍航行，但如果能将其作为燃料加以利用，可谓一石二鸟的好方法。

2.10 仍有许多待攻克的技术难题

在太空中，除了氢气之外还飘浮着许多其他物质。若宇宙飞船以接近光速的速度飞行，必须确保不能与任何物体碰撞，无论这个物体多么微小。小行星自然不必说，即便是沙砾大小的物体，如果正好撞在宇宙飞船上，也会产生极具破坏力的冲击。接近光速飞行的宇宙飞船即便发现前方有障碍物，也会因为运行速度过快而避之不及。因此，人类还必须开发宇宙飞船撞到任何物体都能避开冲击的技术。

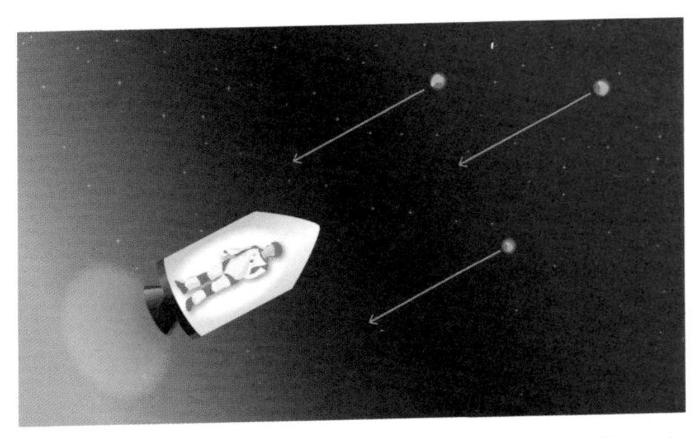

一旦宇宙飞船以接近光速的速度前进，所有的障碍物都会以这个速度撞击过来

此外，太空中充满了被称为“宇宙背景辐射”的微波辐射，这类辐射是宇宙大爆炸时产生的光的“残骸”。虽然对缓慢移动的宇宙飞船不会造成什么影响，但对以接近光速的速度移动的宇宙飞船来说，前方会有与宇宙背景辐射相当的强力撞击等着它，并让它的温度升高。

宇宙背景辐射的绝对温度约为3 K，也就是零下270摄氏度。温度很低的电波对于缓慢移动的宇宙飞船没有任何危害。但是，如果让宇宙飞船以光速99.999%的速度航行的话，前方的宇宙背景辐射便会集中撞击过来，其温度可接近1 000摄氏度。如果人类想要前往4 000年以后的未来进行一场30年的往返旅行，宇宙飞船的最高飞行速度将达到光速的99.99996%左右，这时宇宙背景辐射的温度将达到6 000摄氏度。如果进行更长期的旅行，宇宙背景辐射的温度甚至会高达10 000摄氏度。目前，人类还没有发现能够承受如此高温的物质，因此需要设计出能够高效散热的机制。

正如上面所提到的，想要打造一艘真正接近光速的宇宙飞船，人类仍面临堆积如山的技术难题。不过，困难并不等于不可能。或许未来人类可以解决这些技术难题。抱着这样的希望，我们想象一下，如果利用浦岛效应运行的宇宙飞船成为可能的话，我们能做些什么？

2.11 以10年为单位的往返旅行

如果乘坐1g宇宙飞船进行了10年的宇宙往返旅行，然后回到地球，这时地球上的时间已经前进了25年。耗费10年的时间去往25年后的未来，这还不能被称为时光机。因为这样做只是把人生推迟了15年左右，只能看到比自己原本寿命晚15年左右的世界。

如果你只是想看看这么近的未来，那么即便不冒险进行宇宙旅行，只要注意保持身体健康，再多活15年，也能

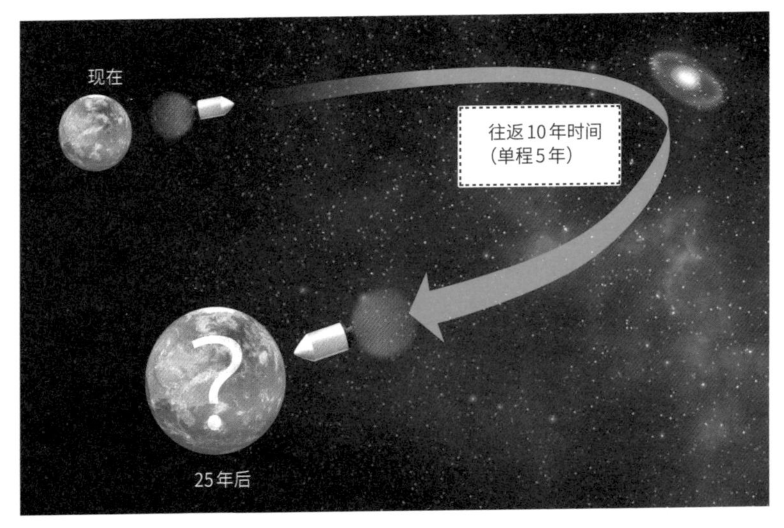

如果乘坐1g宇宙飞船进行10年的往返旅行，地球上的时间已经前进了25年

达到同样的效果。

25年后的世界是什么样的，我们尚不得而知。但反过来，在距今25年前，也就是20世纪90年代前期，那时人们刚刚接触手机和互联网。而现在手机和互联网已经在社会中普及，与25年前的情况有很大不同，但人们的生活方式并没有发生巨大的改变。

进入21世纪以来，社会的信息化以迅猛的势头快速发展。目前，日本智能手机的普及率已近八成，20多岁的人中，有九成以上的人在使用智能手机。而在十几年前，没有人有智能手机。自2007年苹果公司推出第一台iPhone以来，仅过了十来年就发展到今天这个状态。可以说，人们已经进入没有计算机就无法过日常生活的时代了。

此外，为人们提供极大方便的软件也迅速发展起来。特别是最近，人工智能的性能正以惊人的速度提升。如果你与智能手机对话，手机中的软件就能理解人类的语言，并针对我们的问题告诉我们各种各样的信息；通过我们拍下的照片读取图片信息，然后告诉我们其中的含义；装有人工智能的计算机甚至还在象棋和围棋的人机对战中赢了职业棋手。

如果人工智能以目前这种迅猛势头继续发展下去，25年后人类的生活可能会发生翻天覆地的变化。关于这一点，有一种说法叫作“2045年问题”，这种说法认为，到那时人工智能可能已经超过了人类的智力，甚至人工智能自己也可以创造出更高级的人工智能，并开始进行人类无法理解的智能活动。

这样一来，现代社会人类的地位将从根本上被颠覆，计算机与人类的关系也会进入新阶段。美国发明家雷·库兹韦尔在2005年撰写的著作中指出，人工智能超越人类这件事会在2045年左右发生，他还将之称为“技术奇点”。

技术奇点真的会在2045年发生吗？在雷·库兹韦尔做出这个预测时，技术奇点是40年后的事情，而从2018年的现在来看，这一时刻将在25年后到来。虽然我们不知道在这期间是否会发生巨大的变化，但不能忽视这种可能性。

从理论上来看，人类的大部分工作都可以被人工智能取代。以前的计算机只能完成人类设计好的事情，但近年来，机器学习领域的“深度学习（Deep Learning）”突飞猛进地发展起来。人类必须通过学习才能掌握的事情，现在计算机也能做到了。因此，再过25年，人类的工作方式很可能会发生巨大的变化。

也许再过25年，就会出现目前无法预测的新技术，并促使社会发生巨大的变革。不过可以确定的是，25年后的社会会比现在更加便利。我非常想知道，这是否会导致被称为“技术奇点”的巨变。

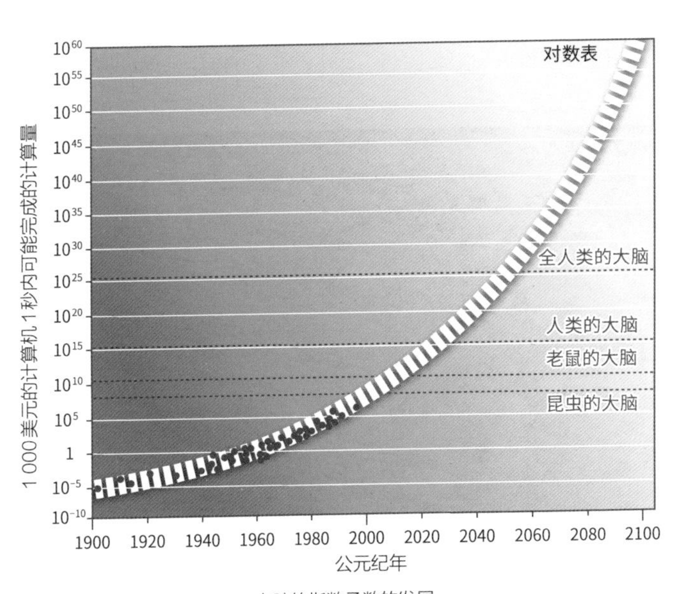

电脑的指数函数的发展

图表来源：雷·库兹韦尔的《奇点临近》企鹅图书，2006

2.12 以20年为单位的往返旅行——340年后的世界

如果将1g宇宙飞船进行往返旅行的时间延长至20年，会产生极强的浦岛效应。如果是10年的旅行，地球上的时间只不过前进了25年；而20年的时空之旅归来后，地球上则过了将近340年的时间。这是因为宇宙飞船所达到的最高速度已经相当接近光速了。

在这场旅行中，可以到170光年之外的太空去并返回地球。我们在夜空中能看到的大多数明亮的星星都在这个距离内，因此还可以借由这场旅行去自己喜欢的星星附近。当返回地球时，地球上的时间已经过了340年，这就意味着

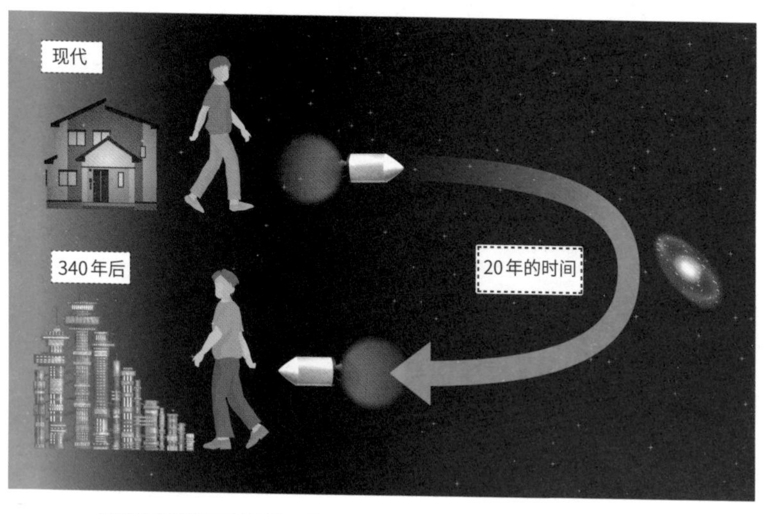

用20年的时间到其他星球进行往返旅行，然后返回340年后的地球

旅行者跳过了地球上320年的时间。旅行者出发前的亲朋好友已经不在这个世上了。

340年后的地球会变成什么样呢？340年前的话，大约是公元1680年，日本正处于江户时代（1603—1868）前期，是闭关锁国的状态。法国则是太阳王路易十四统治时期，而美国那时还是英国的殖民地。

这样看来，340年后的世界，或许连国家体制都会发生巨变。不知道那时还有哪些国家存在。我个人希望至少日本这个国家能够继续存在下去。

日本的总人口、人口增长率现状及未来推测

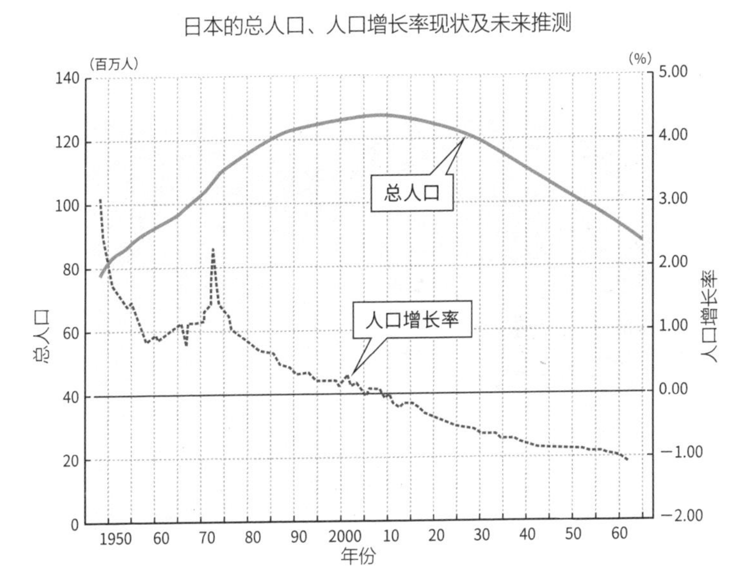

根据日本国家社会保障·人口问题研究所“人口统计资料集”（2017年推测）摘录制成

目前日本人口持续呈负增长，以每年约0.2%的速度持续减少。这个减少率未来还将加大，这样下去，到了2065年左右，预计人口数量将以每年1%的速度减少。如果人口单纯以每年1%的速度持续减少的话，300年后日本的人口将不足500万。

2.13 以30年为单位的往返旅行——4500年后的世界

让我们把旅行延长至30年的往返，也就是说，如果30岁时出发，60岁的时候返回地球；如果是60岁时出发，只要注意身体健康，或许勉强能够在30年后活着回来，但到

距离地球2 100光年的面纱星云
来源于约8 000年前的恒星爆炸，至今星云依然在扩大

图片来源：NASA /ESA /Hubble Heritage Team

了那个岁数，可能大多数人都更想安稳地生活在地球上吧。所以，启程时还是越年轻越好。

往返耗时30年的时空之旅将把你带到2 200光年以外的太空。虽然这仍处于银河系的范围内，但我们可以选择一些罕见的天体，并向着它们的方向进行观光旅行。而当我们再次返回地球时，地球上已经过了将近4 500年的时间。

如果人类来到4 500年后的未来，一定会不知所措吧。那时人工智能可能正在驱逐生命，或者相反，现代文明可能正在衰退。4 500年前，日本正处于绳文时代[①]后期；而放眼全世界，古代文明正繁荣发展，埃及的金字塔正是在那个时候建成的。4 500年以后，我们现如今的文明是否还能延续下去不得而知。即便人类的文明多少有些衰退，我也希望届时人类能够不要落得被人工智能驱逐的下场。也不知道我这个愿望能否实现。

至少，我们现在这样的生活无法持续4 500年吧。我之所以这样说，是因为我们现在的生活非常依赖化石燃料的大量消耗。如果去超市，你可以找到从世界各地运来的食品，其中一些是用汽车或飞机在短时间内运送过来的。只要有一周的时间，就可以从地球上交通最完备的地方把东西运过来。如果没有从石油中提炼出的汽油燃料，这种事是不可能实现的。

---

① 绳文时代：日本石器时代后期。国际学术界公认，绳文时代始于公元前12000年，于公元前300年正式结束，日本由旧石器时代进入新石器时代。

即便研发出可再生能源等替代能源，其能量也比不上石油。石油和煤炭是过去几亿年间落在地球上的太阳能的一部分在地底汇集而成的，而人类用100多年的时间就一次性消耗完了。因此，像现在这样大量消耗石油的生活不可能持续几万年。虽然还可以利用核能，但核能也需要铀等天然燃料，这些资源早晚会枯竭。最后，从长远打算，人类必须以更少的能源想方设法生存下去。

或许将来会有一种完全无法预料的物流方式出现，届时人类可以在几乎不使用能源的情况下将物品运送到世界各地。到那个时候，可能人类已经发明了一瞬间到达地球上任何地方的“任意门”了，我们日常生活中使用的交通工具或许会消失。

为了维持现代物流，石油等化石燃料不可或缺

为了不耗费能源，还有一种方法是减少物流量。这样

做的话，人类可能会回到不需要大规模物流的江户时代的生活。近年来，人们呼吁实现可持续发展的社会，如果我们向着这个方向发展，也许我们的社会会变成信息社会与江户时代生活的混合体。

又或者，超越技术奇点的信息社会发展到极端，人工智能与人类最终融合为一体也是有可能的。这样一来，人类根本就不需要移动，所有事情都可以在虚拟世界里完成。

4 500年后的人类究竟过着怎样的生活，我既期待看到，又感到有些恐惧。

2.14 以40年为单位的往返旅行——6万年后的世界

我们再将这场时空之旅的时间延长至40年看看吧。可能各位读者的年龄不尽相同，但如果你身体足够健康，即使现在出发，也有可能活着返回地球。这次往返旅行将带我们到达3万光年以外的太空。在这个距离上，我们可以到达银河系的中心地带。而当我们返回地球时，地球上的时间已经过了约6万年。

6万年后的地球会变成什么样子呢？让我们先来看看6万年前的地球是什么样的吧。据说，人类祖先开始从非洲大陆逐渐扩散到世界各地，大约是在6万年前。那时，尼安德特人还生活在地球上。尼安德特人与现代人类是不同血统的人类，大约在4万年前灭绝。据研究，这一时期尼安德

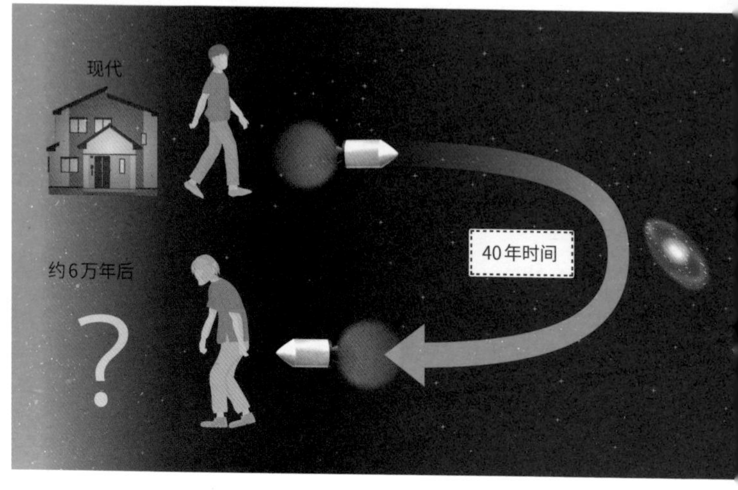

在40年的往返旅行中到达银河系的中心地带，然后在约6万年后返回地球

特人曾与我们的祖先生活在一起。

而人类从当年那种原始的状态到构建起现代文明所花费的时间便是6万年。从现代社会来看，在100年的时间里，人类的生活方式就会发生无法预测的巨变，而6万年后人类会过着怎样的生活更是难以想象了。但6万年的时间并没有让生物的形态发生显著的变化。6万年后，如果人类没有灭绝或者没有跟人工智能融为一体，我们就可能见到跟我们几乎一模一样的未来人。不过脸形和身形与现代人还是略有不同的。

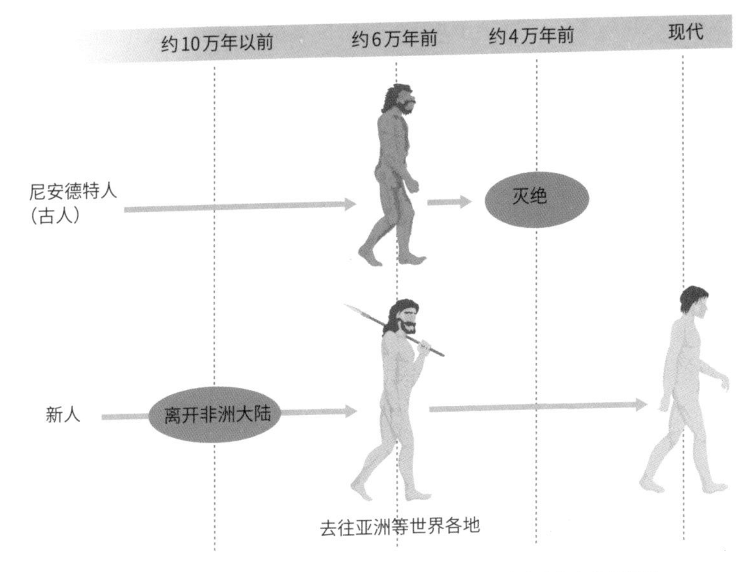

6万年前尼安德特人曾生活在地球上，那时现代人类的祖先尚未扩大生活范围

在我们生活的地球上，人类的生活方式正以前所未有的速度发生变化。但现在的变化不会持续6万年吧？跟100年前的生活相比，如今的生活已经便利了很多，但并不是说6万年后的生活就是便利程度又翻了600倍。6万年后地球上的人类文明，无论是往好的方面还是坏的方面发展，都将变得无法预测。

我很怀疑到那时像现在这样拥有200多个国家（地区）的国际体系能否继续存在。目前人口急剧减少的日本能否存续下来也无从得知。现在，世界人口的三分之一为中国人和印度人，说不定6万年后全世界都是中国人或印度人的后代。而日本人的基因或许只能通过混血被未来人继承；又或者环境发生巨变，绝大多数现代人生存不下去，适应新环境的少数人支配了未来世界。

虽然我不太愿意这样想，但人类即便不会灭绝，世界人口也有可能会减少到一个极端程度，人类最终会回归原始生活。反过来说，也有可能人类文明发展到极限后，人类会以目前无法想象的形式实现可持续发展的社会。那么，你愿意用你的一生来一场去往6万年后的地球的单程旅行吗？

3 回到过去

3.1 能够回拨时间的时光机

我们现在知道，先不论技术上能否实现，至少从理论上来看，去往未来的时光机是能够实现的。只不过乘坐这样的时光机去往遥远的未来后，将再也无法回到原来的世界。

如果到了未来，我们想看看未来是什么样的愿望就可以实现，但到了未来以后却回不到原来的世界，会是什么感受呢？对你这个穿越者来说，原本是未来的地方已经不是未来，而是新的“现在”，你只能在那里继续生活下去。如果那里的人的体形样貌都发生了改变，他们会发现你是从过去穿越来的已经灭绝的古代人类，很有可能会把你当作研究材料。这样想来，这个时光机可真是无情啊！所以说，一去不复返的前往遥远未来的时间旅行，伴随着极大的风险。

既然它被称作时光机，我希望它能自由地在时空中穿

爱因斯坦提出了时空理论和相对论。根据这些理论，人们预测了时间和空间的扭曲及光会弯曲的现象，而这些在之后都被观测出来了

梭。如果能制造出这样一台时光机，那简直是像做梦一般，但这是一个令人非常感兴趣的话题，在物理学研究中也经常思考这个问题。

这个问题的关键是爱因斯坦的相对论。与此前的物理理论不同，相对论可以研究时间和空间的属性，甚至可以称其为时间与空间的物理学。如果人类能够成功地操纵时间与空间，我们就可以期待回到过去了。

物理学所考虑的是理论上是否可行，但即便理论上可

行，要问使用人类现有的技术能不能做到操纵时空，很遗憾，现在是不可能做到的。但仅仅理论上是否可行就会使得最终结果大不相同。如果理论上可行，那么我们可以期待未来会出现技术革新，而那是我们现在无法预测的。也许未来某一天突然出现了现在没有的技术，将不可能变为可能，即使它看起来像一场梦。

3.2 光无法笔直前进

从结论上来说，在不违背现在已知物理学定律的前提下，我们有可能制造出可以回到过去的时光机。根据爱因斯坦的相对论，时间与空间不论在宇宙的哪个地方，都会微妙地扭曲。通常这种扭曲微乎其微，以至于人类根本看不到和感受不到。

一旦时间和空间扭曲，光也就无法笔直前进。受到时间和空间扭曲的影响，光的前进路线也会随之拐来拐去。

为了直观地了解光的飘忽不定的路径，让我们试着想一想闪烁的光芒吧；在酷暑难耐的日子，站在被晒烫的地面或柏油路面上往远处看，就会发现景色忽隐忽现；或者，大家还记得从炉火或蜡烛这边看向火焰另外一边时，也是这种抖动的景象，这种现象被称为“热源效果”。

热源效果

图片来源：Unsplash/Mesh

作为热源的柏油路或蜡烛的火苗，周围的空气密度不是恒定的，会根据不同位置发生抖动。空气密度越大，光穿过那里的速度就越慢。如果光的速度会因地点而改变，就会导致光无法笔直地前进，这就是所谓的“光的折射”现象。这样一来，空气密度不稳定，光就会发生折射，其前进的路线就会弯曲，景物也跟着抖动，造成闪烁。

我在这里举例说的“热源效果”，并不是由接下来要说明的时间和空间的扭曲引起的。不过，当光通过扭曲的时间和空间时，其前进路线就会变得不笔直，这个现象与热源效果相似。时间和空间扭曲的话，光的前进路线也会发生扭曲。在这种情况下，不仅是光，任何物体在其中运动时都无法笔直前进。

广义相对论中扭曲的宇宙空间（设想图）

大家可能还记得我们曾学过，如果火箭在空无一物的太空中飞行，它就不会掉落下来，而是一直笔直地向前飞。但如果时间或空间出现扭曲，这个结论就不成立了，因为随着时间和空间的扭曲，火箭的飞行路线会发生改变。

3.3 时间与空间的扭曲带来重力

爱因斯坦指出，造成物体下落的重力是由时间和空间的扭曲带来的。从万有引力定律可知，有重量的物体之间一定会产生引力，而重力就是这样的引力。

牛顿曾指出，有质量的物体可以互相吸引。这便是牛顿发现的万有引力定律。地球在太阳周围绕近乎圆形的轨迹运动也可以用万有引力来解释。然而，爱因斯坦却认为万有引力实际上并不是直接作用在物体之间的力，而是通过时间和空间的扭曲产生的力。也就是说，即便地球是笔直运行的，但由于太阳周围的时间和空间发生了扭曲，地球也无法笔直运行，而是被太阳吸引，最终导致地球围绕太阳运行。

地球上的物体向下落也是同样的道理。松手时苹果会

受时间和空间的影响，地球最终绕太阳运行（设想图）

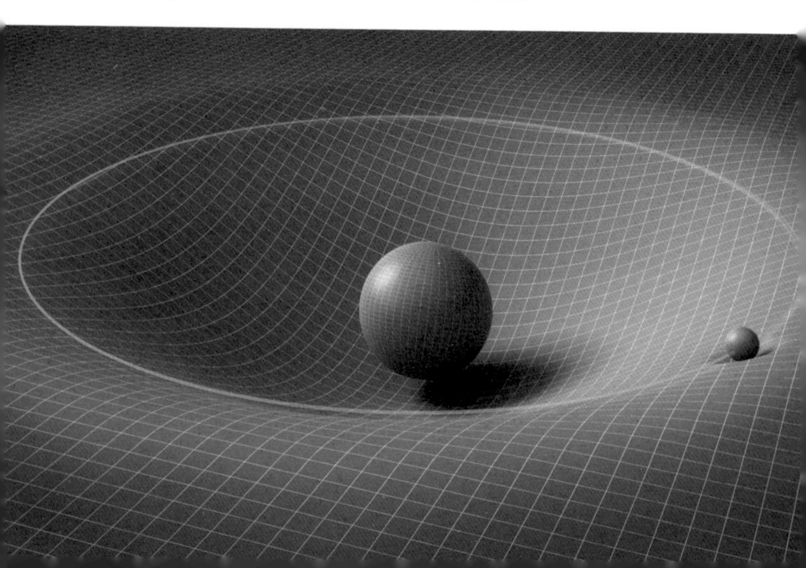

掉在地上，实际上，这并不是苹果自己想要下落，而是苹果自然而然地向着地球的方向前进了，这也是由于地球上的时间和空间发生了扭曲。事实上，在地球上越向下走，时间过得就越慢，空间的扭曲也就越大。最终的结果就是，随着时间的流逝，苹果无法停留在同一个位置，而被“压”了下去。

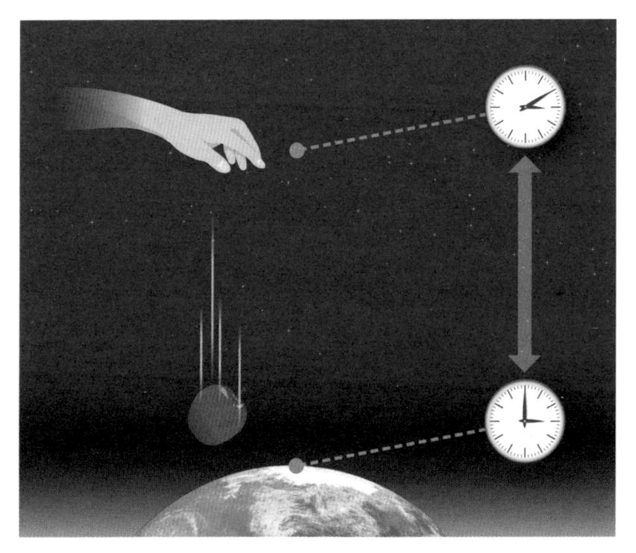

在地球上越向上走，时间过得越快

但是，即便时间和空间存在扭曲，这个扭曲对于速度快的物体的运行轨道也很难产生影响。如果缓慢地将棒球投出去，会看到棒球的运行轨迹是一个大大的弧线，但如果一个投手笔直地将球快速投出，棒球的轨迹稍微弯曲便能到达捕手那里。球速越快，棒球的轨迹越接近直线。光的速度非常快，在地球上几乎不受时间和空间扭曲的影响，所以看起来是笔直照射下来的。不过，即使看起来是在直线上运行的光，其实也是向地球的方向微微弯曲的，只不过肉眼看不出来。

3.4 黑洞周围的极端时空扭曲现象

根据上面的内容我们已经知道，在重力作用的地方，时间和空间会发生扭曲。然而，地球和太阳造成的时间和空间的扭曲微乎其微；而宇宙中有些地方的时间和空间的

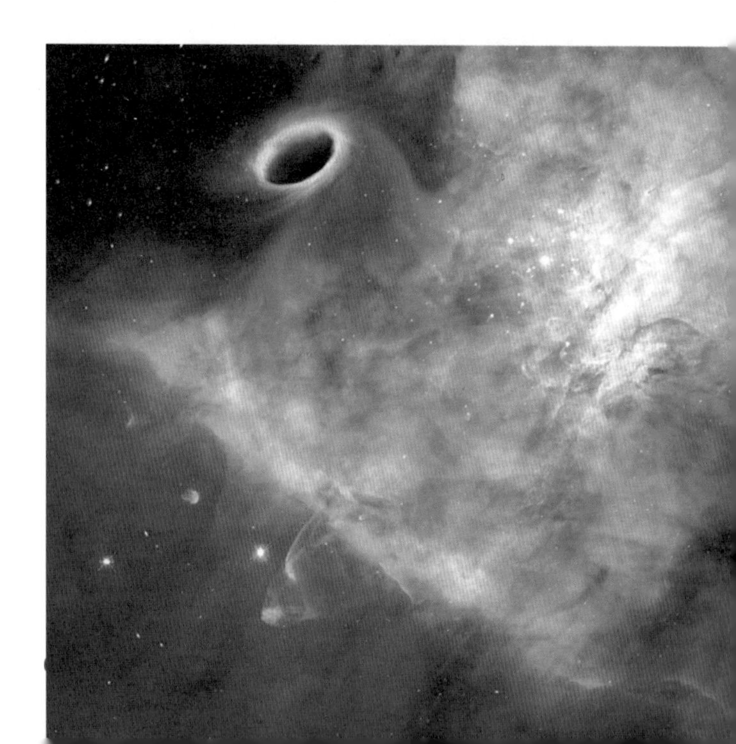

扭曲更为极端。这便是黑洞。

在黑洞周围，由于时间和空间极度扭曲，所有的物体都被强力吸引到黑洞中，根本逃不出去。一旦离黑洞的中心低于一定的距离，就再也出不来了，即便是这个世界上最轻的光也一样。因此，黑洞自身不会反射光。因为它黑漆漆的，好似洞穴一般，所以被称为“黑洞”。

当时间和空间极端扭曲时，就会形成像黑洞一样奇妙的天体。黑洞就像时间和空间上的洞，物体一旦掉入黑洞便再也无法返回。如果有人毫不畏惧地驾驶着宇宙飞船飞向黑洞中心，在异常扭曲的时空之中，人的身体和宇宙飞船都会被撕碎。

黑洞好似在时空中开了个洞。图片为新墨西哥大学等机构观察到的两个大规模黑洞（设想图）
图片来源：Josh Valenzuela /UNM

3.5 虫洞

如果我们能把黑洞的一端连接到另一个地方，同时以某种方式防止人体被撕碎，那会怎样呢？既然像黑洞这样的单向洞是不好的，难道我们不能在时空中创造一条可以自由进出的隧道吗？爱因斯坦和一位名叫罗森的物理学家一起思考了这种可能性，这样的隧道被称为“虫洞”。

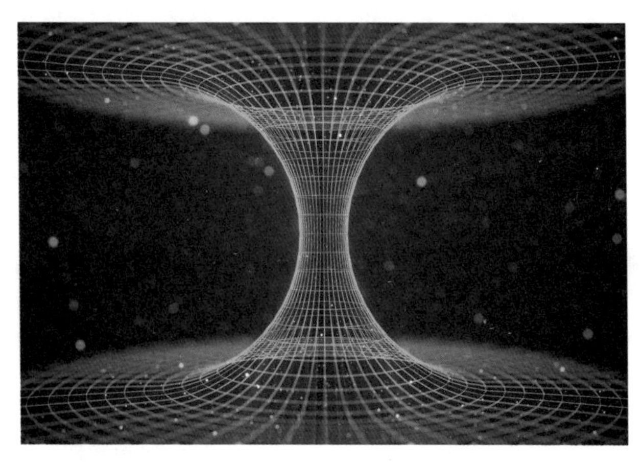

虫洞（设想图）

事实上，基于物理学来思考的话，在极其微小的世界，时间和空间并不是我们所感受到的那个样子，很有可能会不断以复杂的形式发生扭曲，并波动着。这是因为，在这个微小的世界中，和我们的世界完全不同的“量子力学”物理原理在起作用。

在这样微小的世界里，时空是波动的，原本在另一个地方的时空隧道被打开，形成了虫洞。但是，即便利用量子力学的原理创造了虫洞，由于虫洞过于微小且并不稳定，人类也根本无法通过。

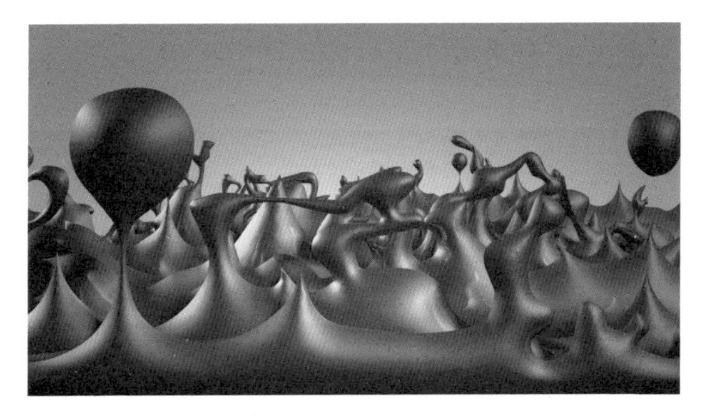

根据量子力学原理制作的波动的时空（设想图）。虫洞也包含在其中

图片来源：NASA/CXC/M.Welss

3.6 能否制造出人能够通过的虫洞

现阶段能否制造出人类可以通过的虫洞尚无法定论。如果条件具备，在物理学上也不是不可能。据说，天文学家兼作家卡尔·萨根在创作科幻小说《接触》时，曾与物理学家基普·索恩探讨过虫洞的可能性。基普·索恩是研究相对论的著名学者，2017年因引力波的研究而获得诺贝尔物理学奖。

“虫洞是不稳定的，即便做出来了也会很快坏掉。我想要一个稳定且能长久存在的虫洞。”以这次和卡尔·萨根的讨论为契机，基普·索恩对是否存在人类能通过的虫洞进行了理论研究。结果，基普·索恩发现，理论上只要把一种被称为“奇异物质”的暗能量填充在虫洞中，那么就能出现一个足以让人类通过的虫洞。

人类是否能够通过虫洞

图片来源：Pixabay/deselect

3.7 从物理学角度来讲，虫洞是可能的

我们所知道的一般物质都具有正能量，并非奇异物质。但在特殊环境下，产生暗能量状态也不是不可能的，被称为“卡西米尔效应”的量子现象也会产生暗能量。

虽然目前看来，在如何制作如此大的虫洞和如何获得这些奇异物质上存在着巨大的技术难题，但这并不意味着在物理学上制造虫洞是不可能的。

那么，现在就让我们非常乐观地想象一下，我们可以研究出一种令人惊叹的技术，能够制造或改造出让人自由穿行的虫洞，或许到时候我们就可以在时空中自由穿行了。

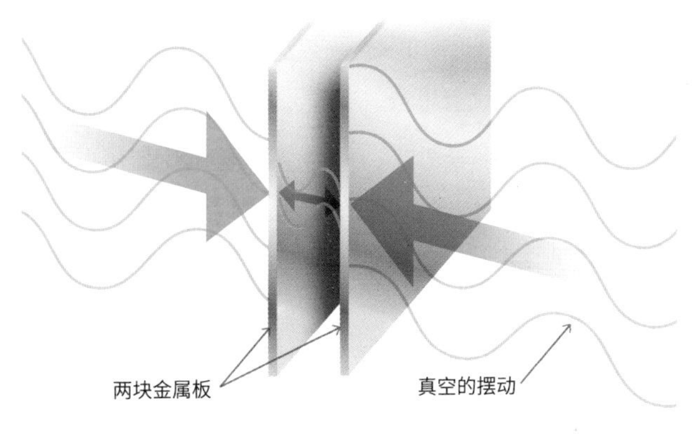

卡西米尔效应是指，在真空中将两块金属板以极近的距离平行放置，板子之间会产生暗能量，产生引力

如果真的有虫洞这样的时空隧道，相应地就会有入口和出口。如果把出口放在很远的地方，我们可以创造出“任意门”一样的东西，可以一瞬间就到达遥远的地方。在漫画中，任何一扇“任意门”的进入时间和离开时间都是相同的，但在虫洞的情况下，即使出口的时间和入口的时

间不同也没关系。

3.8 虫洞会成为时光机

假设基普·索恩所设想的虫洞真的被创造出来了，我们先设定它的入口和出口的时间相同，然后再将入口和出口设定在距离较远的两个地方，那么这个虫洞就好似哆啦A梦的任意门一样，能够让人瞬间移动到遥远的地方。不过，你会在进入的同一时间出来，所以这不是时光机。

那么，我们试着思考一下，如果以极快的速度移动出口的位置，结果又会如何？这样一来，在相对论的作用下，在入口处的人看来，出口处的时间会慢于入口处。如果以接近光速的速度让出口移动到入口旁边的话，出口的时间几乎没怎么流逝，而入口的时间却已经流逝了很多。如果让出口以无限接近光速的速度移动一天后，再将其放到入口旁边，出口处的时间就比入口处的时间早了一天。也就是说，从入口进入虫洞的人将会从一天前的出口出来。

换句话说，虫洞的出口不仅可以通过隧道连接空间上的另一个地方，也可以通过隧道连接时间上的另一个地方。

因此，如果虫洞能够实现，并且人类可以自由控制，它就兼具任意门和时光机的性质了。这将是一条梦幻般的隧道，让我们在时空中自由地穿梭。

使用“虫洞时光机”的话，我们既可以穿越到未来，也可以穿越到过去。如果从入口进入，那么出口就通往过去；反过来，如果从刚才的出口进入，从入口出来，你就来到了未来的世界。

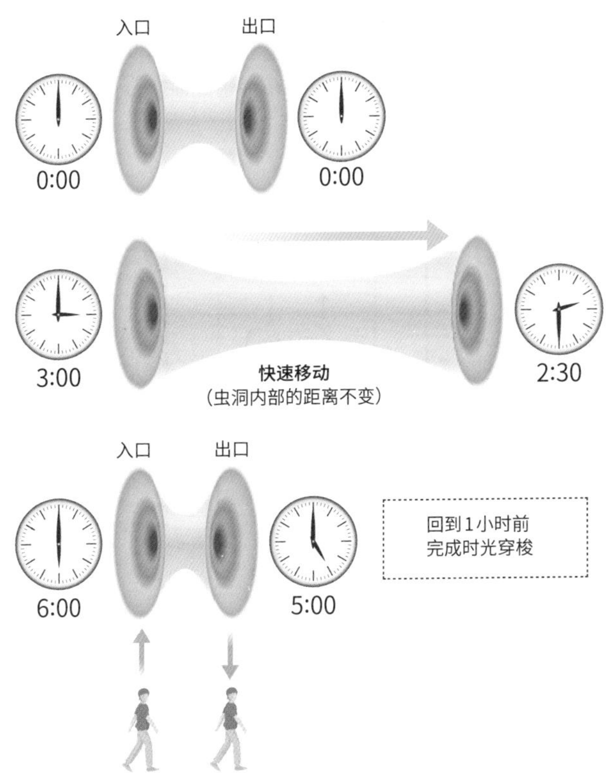

使虫洞的出口快速移动的话，出口的时间就会早于入口，也就能够穿越到过去了

3.9 为了回到过去，将时间轴做成圆形

虽然从理论上来说，虫洞是制造穿越到过去的时光机的典型例子，但也有研究表明，除了虫洞以外，还有其他方法可以制造出回到过去的时光机。但不论是哪种方法，都是利用了爱因斯坦的广义相对论发现的时空扭曲性质。

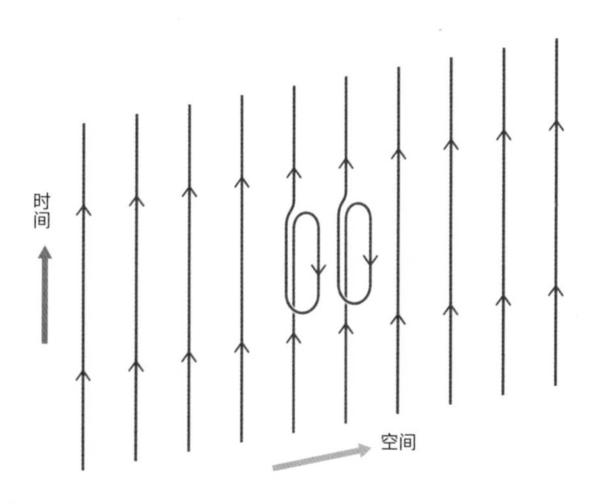

在特定场所，将时间轴上的未来和过去像环一样连接起来，就能做出可以回到过去的时光机

根据广义相对论，时间和空间不一定是在一条直线上延伸的。如果时间不一定要朝着未来沿着直线延伸的话，我们可以考虑将未来的时间和过去时间连接起来这种极端情况。也就是说，将原本是直线的时间轴弄成像橡皮筋一

样绕一圈又回到原点的环，未来就可以与过去相连。

在基普·索恩相关研究的启发下，有人提出了另一种将时间轴变成这种环形的方法。

3.10 认真研究时光机制造的研究者

虽然有很多研究时光机的物理学家，但他们中的大多数思考时光机实现的可能性，是单纯出于对理论的兴趣或者觉得好玩。他们感兴趣的是理论上能否实现，并不打算实际尝试去制造。但是，也有研究者真心想找到扭曲时间轴的现实方法，来发明能实际运作的时光机。这个人就是康涅狄格大学的教授罗纳德·马利特。他这么想制造时光机，是有原因的。

罗纳德·马利特本身就是一名研究相对论的学者，但他最初进入研究领域是为了发明时光机。据说，他的父亲在他10岁时突然心脏病发作去世。自那之后，他便一直想方设法回到过去挽救父亲的生命。

随后他发现利用相对论或许能够发明时光机，这个强烈的动机也促使他成为一名物理学家。不过，罗纳德·马利特并不想让其他人认为自己在做奇怪的研究，因此他刚开始没有透露时光机的事情，而是一边进行更现实的天体物理学和宇宙的研究，一边秘密研究时光机。

3.11 利用激光的时光机

虽说虫洞能够成为时光机，但这只是在不考虑现实技术的情况下的一种设想，与罗纳德·马利特的目的并不相符。他要做的事情是回到过去见到自己的父亲，必须是能够在实验室制造出来的时光机才行。

罗纳德·马利特通过计算发现，通过组合4种强激光，可以使时间轴呈环状。利用这个发现，或许可以在实验室里制造出时光机。这个研究成果发表后，媒体大力报道了罗纳德·马利特的研究，他成了名人。

据说，相对论和量子论的著名物理学家布莱斯·德维特，在听到罗纳德·马利特的研究结果后对他说："我不知道你最终能否回到过去见到你父亲，但我相信你的父亲一定为你感到骄傲。"这句话让罗纳德·马利特感动不已。

罗纳德·马利特的这个方法并没有得到所有人的认可，但他为了验证自己的理论，组建实验装置，并展开了相关试验。真正的目的是制造一台时光机，这是罗纳德·马利特与其他相对论研究者之间最大的不同，也是他的独特之处。我非常期待他的试验成果。

不过，即便罗纳德·马利特成功制造出了时光机，恐怕他也救不回自己的父亲。因为就算他用这台时光机回到过去，也回不到时光机被制造出来之前的时间。也就是说，时光机的出口没有办法开在已经发生了的过去。

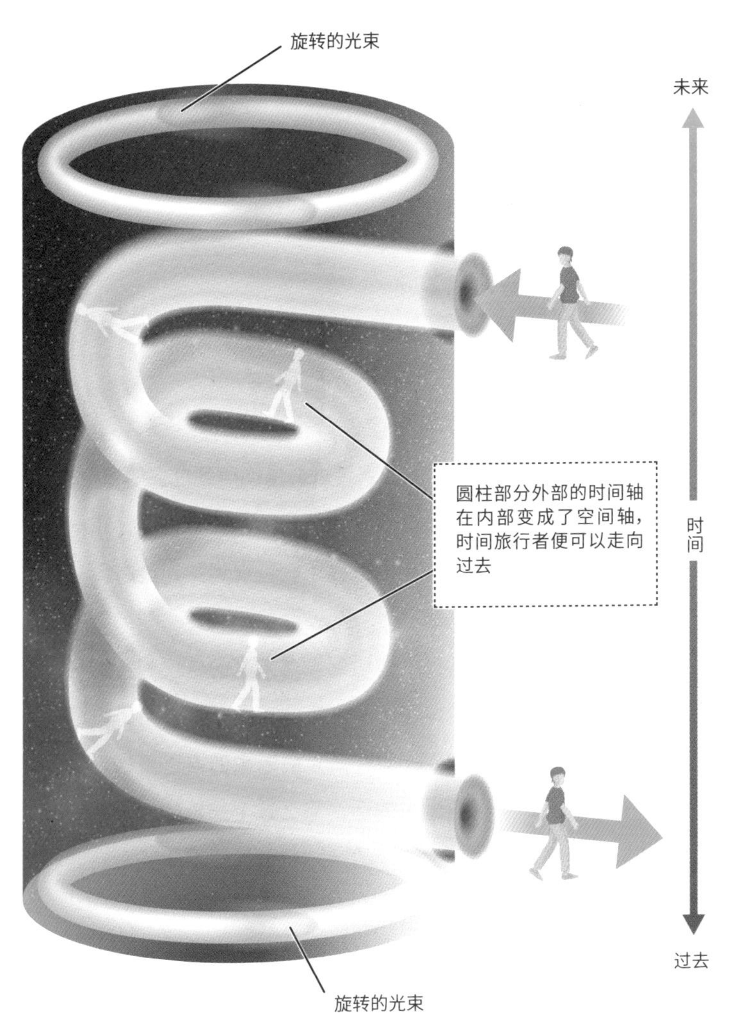

罗纳德·马利特的时光机

4 回到过去是否矛盾

4.1 关于回到过去这件事的矛盾所在

即便能够乘坐时光机回到过去，也能回到过去的自己，重新开始自己的人生吗？假设我们穿越回到一天前，在一天前的那个世界已经有一个自己了。一想到回到过去会见到过去的自己，就觉得奇妙不已。

过去的自己究竟会不会遇到来自未来的自己呢？如果两个自己知道对方的存在，而未来的自己又试图妨碍自己今后回到过去，会怎么样呢？如果被未来的自己阻碍，导致自己最终没有回到过去的话，那么这个穿越的“未来的自己”便将不复存在。这样的话，自己最终不就又要回到过去了吗？如果能回到过去就能阻碍过去的自己回到过去，到底能回去还是不能回去呢？显然这就是一个悖论。这个悖论最著名的例子便是十分残酷的“祖父悖论”。也就是说，如果一个人在自己父亲出生前杀死了自己的祖父母，最终的结局便充满矛盾。

4.2 霍金的时序保护猜想

如果制造出了能够回到过去的时光机，就会引发上述的矛盾，因此也有物理学家认为这种时光机是不可能被发明的。于2018年逝世的著名物理学家斯蒂芬·霍金就是其中之一，他曾从理论上证明了黑洞会因量子力学效应而蒸发。

霍金认为，从量子力学的角度来看，似乎存在一个时序保护机制，防止通过将时间轴闭合成环状的方法回到过去，并将这个想法称为“时序保护猜想”。量子力学是支配微观世界的物理法则。

根据霍金的说法，如果有一个可以回到过去的虫洞，虫洞中真空的波动会反复循环并加强，最终破坏虫洞。因此，物理学法则禁止将时间轴弯曲成环状。

但霍金的这个猜想并不是一个完整的论证，而是基于推测得出的结论。因为目前还没有完整的理论是以量子力学为基础去分析引力的。霍金的这个猜想是否正确，目前还没有定论。

如果霍金提出的时序保护猜想不成立，如果能够让人回到过去的时光机是可能被造出来的，该如何看待“祖父悖论”将是摆在人们面前的一道难题。

4.3 波钦斯基悖论

祖父悖论因为涉及人的意志，所以成为一道复杂的难题。那么我们可以想得简单一些，把一个单纯的物体，比如一个台球，通过虫洞送到过去。

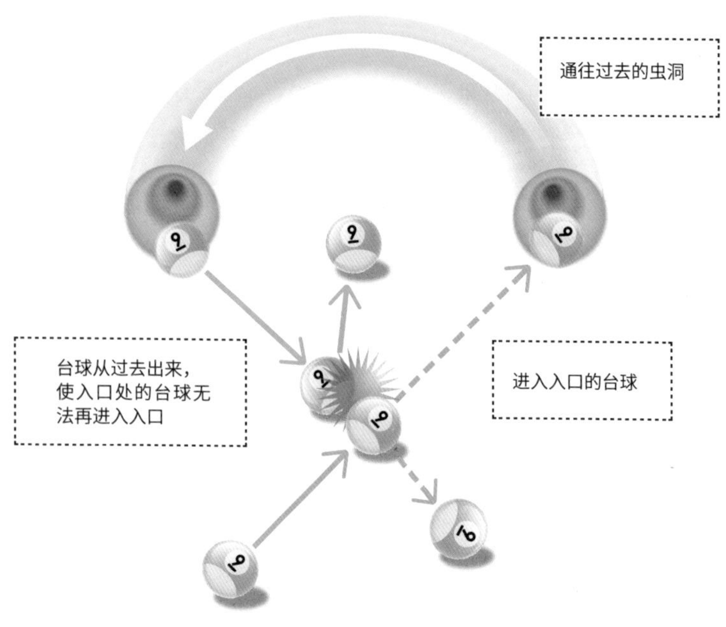

波钦斯基悖论

比如说，我们将虫洞的出口放在入口旁边，出口的时间比入口的时间要稍微回到过去一些。于是，如果从出口出来的台球沿着轨迹撞向原本要进入入口的台球，阻碍了想要进入入口的台球，那会怎么样呢？

原本入口处的台球被撞开，便无法进入入口了。如果台球没有进入入口，那么也就不会从出口出来，也就不会撞到原本打算进入入口的台球，那么这个台球最终还是会从出口出来。这是一个明显的悖论。这个悖论是一位叫约瑟夫·波钦斯基的物理学家写给基普·索恩等人的，之后基普·索恩便将这个悖论称为“波钦斯基悖论”。

4.4 诺维科夫的自洽性原则

但是，如果未来的台球从出口出来后撞到了过去的台球，两球相撞的结果是过去的台球依然进入了入口，会怎么样呢？

如果未来的台球本身没有从虫洞出口出来的话，那么最初也就不会有台球从虫洞入口进入。因为正是有从未来过来的台球撞击，才导致入口处的台球轨迹被改变，最终才能进入入口。如果是这样的过程，就不存在矛盾了（请参照下一页示意图）。避免波钦斯基悖论出现的一个方法，就是只有这样的不发生矛盾的轨道才会在现实中发生。这样矛盾就解决了。

俄罗斯物理学家伊戈尔·诺维科夫认为“即便存在时光机，回到过去的事物也只能完成不存在矛盾的运动”，而这个理论则被称为“诺维科夫自洽性原则”。虽然目前还无法判断这个理论是否正确，但它是解决与时光机有关的矛盾的一种可能性。

如果诺维科夫的自洽性原则成立，那么发生波钦斯基悖论的情况便被否定了。也就是说，将台球放入能够穿越回过去的虫洞，让台球回到过去，即便出来时撞到入口处的台球，这个台球最终还是会进入虫洞。虽然目前还无法解释为什么会这样，但为了让时光机不引发时间悖论，似乎也必须这样了。

4.5 台球的运动轨迹将无法预测

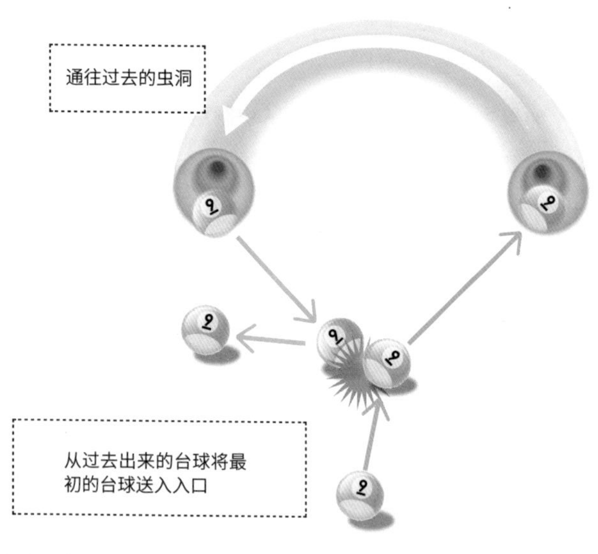

解决波钦斯基悖论的台球运动轨迹

假设诺维科夫的自洽性原则成立，那么台球的运动轨迹将无法提前预测。从虫洞出来的未来的台球如何撞击过去的台球，存在好几种可能性。基普·索恩等物理学家经过实际计算发现，不存在矛盾的运动轨迹有无限种可能。

首先，我们先结合下图看一看A的可能性。从下方出现的台球撞向未来的台球，然后进入位于右侧的虫洞入口。这是不存在矛盾的台球运动轨迹的一种可能性。

接下来我们再看看B这种可能性。从下方出现的台球撞向未来的台球，然后进入位于右侧的虫洞入口。从虫洞出口出来的台球直接向右移动，再次进入虫洞入口。然后第二轮从虫洞出口出来的台球向右下方移动，撞向过去的台球，原本的台球便朝着虫洞入口移动。

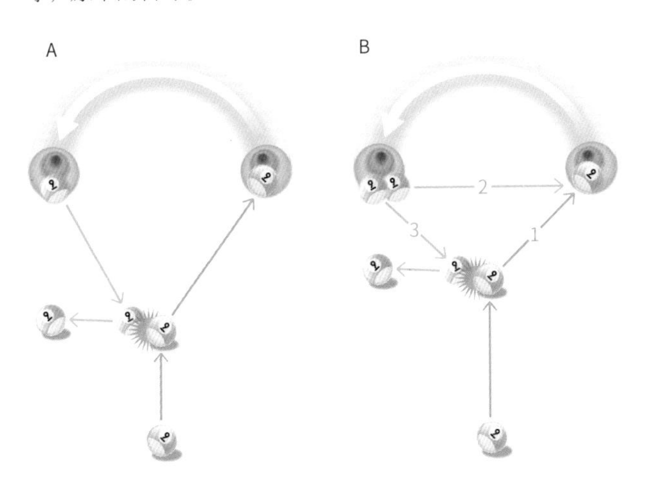

仅依据诺维科夫的自洽性原则无法预测台球的运动轨迹

此外，台球在移动途中可能会多次从虫洞出口和入口来回移动，我们可以设想出无数种这样的轨迹。这些轨迹都不存在矛盾之处，完全满足诺维科夫的自洽性原则。而实际上究竟哪一种可能性能被实现，仅靠物理法则是无法预测的。到底会发生什么，只有实际制造出虫洞才能知道。

4.6 仅存在于虫洞出口和入口之间的轨道

在上述例子中，我为大家介绍的是台球在虫洞出口和入口来回移动的运动轨迹。由此我们可以想到一种更奇妙的情况：如果台球从一开始就在虫洞的出口和入口来回移动，而不必进入虫洞入口，这不也可以吗？换句话说，从

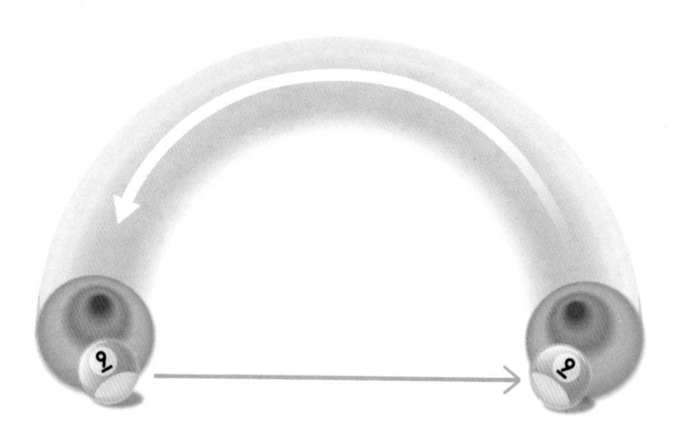

徘徊于虫洞入口和出口的台球

位于右侧的虫洞入口左边的位置进入的台球，将从虫洞出口右边一点的位置出来。然后这个台球再直接向右前进，从虫洞入口的左边位置进入。这个台球便是最开始从入口处进入的那个台球。

从虫洞外面看，似乎什么也没做，台球突然从虫洞出口出来，然后又径直进入了虫洞入口。也就是说，这个台球暂时从虫洞出口出现后，直接被虫洞入口吸进去了，什么都没留下。

像这样的台球运动轨迹既没有违背物体的运动规律，也没有违反诺维科夫自洽性原则。但如果这个运动轨迹实际出现的话，那么这个台球是从哪里来的呢？这个台球又是谁做的呢？这类的问题将无穷无尽。

如果台球出现这个运动轨迹，我们将无从判断何为因何为果。台球从虫洞入口进入若为因，则从虫洞出口出来为果；但这个结果也会成为台球从虫洞入口进入的因，而进入入口则成了果。这就导致原因和结果同一化了。虽然这里看起来有些不可思议，但在物理学定律中却没有矛盾。

但是，站在这个台球的立场来看，它会在虫洞出口和入口之间无限次地来回，真是不可思议。一般情况下，台球会随着时间的推移变得越来越旧，但在这种情况下，无论来回多少次这个台球都不会变旧，因为每次从出口出来的台球都是同一个。如果诺维科夫的自洽性原则正确的话，那么这个球从出口出来时，会以和上次完全一样的状态出来。

虽然这件事听起来有些诡异，但如果将这个台球设想成是电子那样的基本粒子，就没有那么奇怪了。因为所有的基本粒子都具有相同的性质，并且没有新旧之分。

4.7 将人类送到过去

对于像台球这样没有自我意志的物体来说，把它送到过去，无论多么不可思议，只要不存在矛盾，似乎都是可以的。但如果将有自我意志的人送到过去，事情就变得复杂了。

描写祖父悖论的赫内 · 巴赫札维勒的小说《不小心的旅行者》(1943年)

让我们回到祖父悖论这件事上思考一下。如果诺维科夫自洽性原则在把人送到过去时也成立，那么为了不引起矛盾，回到过去的人无论如何也不能在父亲出生之前杀死自己的祖父母。因为如果他杀死了自己的祖父母，他在未来就不会出生，因此，不管发生什么，祖父母都要活下来。

也就是说，自己回到过去无论做什么，自己都只能出生。甚至很有可能，自己回到过去想要杀死祖父母却失败了，这反而会成为祖父母相见的契机，成为自己出生的原因。

总之，回到过去的自己在杀死祖父母这件事上一定会失败。如果一直坚持要杀死祖父母的话，反而很有可能导致自己被杀死，或者死于意外，或者失忆，或者陷入无法杀死祖父母的异常状态。诺维科夫自洽性原则如果正确的话，一旦一个人乘坐时光机回到过去，想要杀死自己的祖父母，他就有可能遭受痛苦的报应。所以，害人之心不可有。

4.8 剽窃自己的书

与简单的台球运动不同，当人参与到时光机中时，让事情变得麻烦的不仅是祖父悖论。比如，现在我正辛苦地撰写这本书的手稿。我经常会因为不知道接下来该写什么而停笔。

于是，我们假设有一个虫洞可以从未来回到现在。将来当我完成这本书的那一刻，我发誓要把它放入虫洞。接下来，已经完成的书就会从未来传送到我手中。

拿到这本书后，我只需要将这本书上的内容抄下来，做成手稿。也就是说，我剽窃了自己的书。但由于这本书就是我自己写的，所以别人也无法指责我。

这样的事与诺维科夫自洽性原则并不矛盾。换句话说，它不违背物理学定律，而且有可能实现。但这本书显然不是根据我自己的想法写出来的。内容究竟是谁构思出来的？

从结果来看就是没有人写这本书，但书却完成了。在我们的常识中，书的内容肯定是某个人思考的结果，如果没有人思考，是不会发生书自动完成这种事的。但是，在“剽窃自己的书”这件事中，书的内容确实是“无中生有”的。

过去的自己剽窃未来自己出版的书

虽然信息不可能凭空产生，但一旦有了可以回到过去的时光机，这种不可思议的现象也就不可避免了。

此外，将来自未来的书的内容稍加修改并抄写下来，然后将其送回未来，这是不允许的。因为这种改动会促使矛盾的出现。所以虽然道理很难讲清，但除了一字一句照原样抄下来之外，没有别的选择。这里的矛盾点和祖父悖论是同一类问题。但这样做就会导致我们没有办法按照自己的意志决定事情了。

4.9 量子力学或许可以解决矛盾

以上所述都是以诺维科夫的自洽性原则成立为前提，并且物体的运动也遵循了经典力学的物理定律。经典力学适用于像人这样的宏观物体，但不适用于原子那样的微观世界。掌控微观世界的物理定律被称为量子力学，它与经典力学完全不同。

量子力学的世界十分奇妙，与经典力学最大的不同之处在于：在经典力学中，一个现实世界会随着时间而变化；而在量子力学中，多个现实世界共存并变化。

比如，原子由原子核和围绕在原子核周围的电子组成。但在量子力学上，我们却无法说出电子在原子内部的什么地方。其实并不是人类不知道电子存在于哪个地方这么简单，而是电子存在于某个地方这件事本身无法确定。这就意味着一个电子存在于许多地方，在好几个世界共存。各位读者第一次听到这个说法可能会觉得难以置信，但总而言之，我们首先要知道的是，在原子的世界里，有好几个现实世界同时存在。

事实上，人类也是由原子汇聚成的。因此，量子力学原理并不局限于微观世界。如果我们观察的是一个一个的原子，那么量子力学的特征会更显著；但如果无数个原子聚集在一起，量子力学的特征便不那么明显了，世界就变成了经典力学所描述的世界。不过，如果创造出特殊的环境，对有诸多原子聚集的物体，我们也可以观察到量子力学的效应。

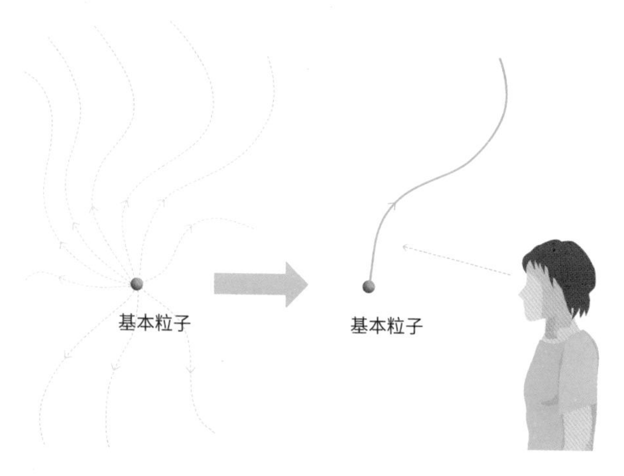

在被人类观察之前，基本粒子的移动轨迹上同时存在多种可能性，但当人类进行观察的那个瞬间，只有一种移动轨迹会被选中

即便有数个世界同时存在，但当人类进行观察时，这个共存的状态就会被打破，只能选取其中一个现实进行观察。这个被选取出来的现实便会与其他现实不再有关系，而是成为一个独立的世界。虽然听上去有些不可思议，但量子力学确实就是这么一回事。

4.10 多个现实共存之时

在上面几节内容中，我们已经看到了，当我们有了时光机时，会发生怎样奇妙和不可思议的事情。但如果多个现实世界共存的话，情况就不一样了。

我们先试着思考一下波钦斯基悖论。在波钦斯基悖论中，台球经过连接过去的虫洞，扰乱了过去自己的移动轨迹，最终导致台球无法进入虫洞。但如果这个台球不进入虫洞，过去的轨迹就不会被扰乱，这里就出现了矛盾。而如果诺维科夫的自洽性原则成立的话，台球就不会出现扰乱自己移动轨迹的情况，但根本原因尚无法解释。虽然这个台球最初的移动轨迹是可以自由控制的，但却存在一个未知的力使它不能移动到某些轨迹上。

而此时，如果多个现实能够共存，这个矛盾就迎刃而解了。这是因为，这个台球进入虫洞的现实和没有进入虫洞的现实可以共存。一个现实是，这个台球进入了虫洞，扰乱了最初台球的移动轨迹，使得台球没有进入虫洞。

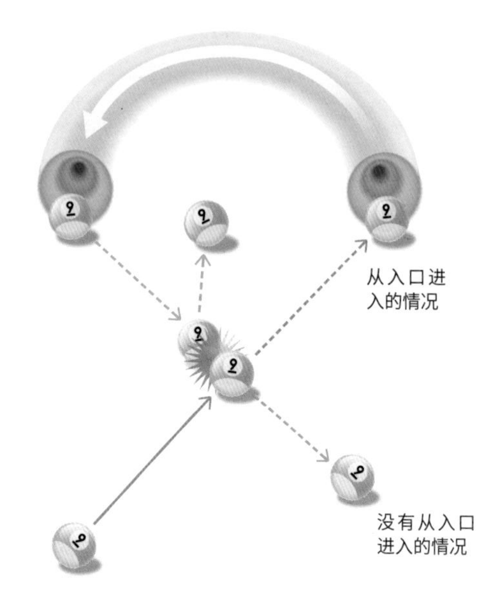

同时存在台球从虫洞入口进入和没有进入两种情况

另一个现实是，这个台球没有进入虫洞，最初的移动轨迹没有被扰乱，因此台球最终还是会进入虫洞。于是，两个现实交错了，反而消除了矛盾。

4.11 在人类的观察下，两个世界不会共存

只有在人类不去观察时，这两种现实才能共存。在开始观察的那个瞬间，某一个现实就会被选取出来。如果我们观察台球的移动轨迹，那么就要从进入虫洞或不进入虫

洞的现实中二选一。如果最初的台球从入口进入了虫洞，那么这个台球在进入虫洞前的移动轨迹就不会被扰乱，因此它就不会从虫洞出口出来。那么进入虫洞的台球去哪里了？考虑到在量子力学中多个现实可以共存，我们认为这个台球去了另一个现实，是符合逻辑的。

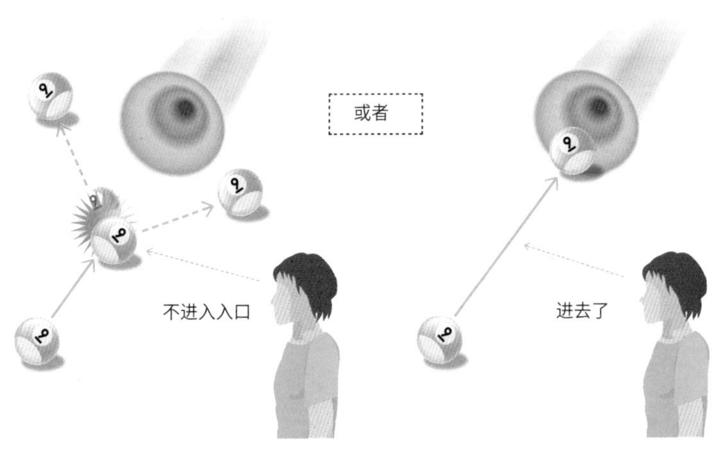

人类在观察时，只能选择台球被撞开无法进入虫洞，或者没有被撞开最终进入虫洞这两种情况之一

在量子力学中，人类在进行观察的瞬间，会从多个现实中选择一个。没被选择的现实会怎么样，目前还不清楚。因为它与我们观察到的现实没有任何关系。但我们可以认为，没有被我们选择的现实依然存在于某处，只是它与我们不再有关联了。

这种观点在量子力学中被称为“多世界诠释”。这个观点认为在人类观察完事物后，多个世界依然共存，但人类只能经历其中一个现实。这意味着还存在许多我们目前无法认知的世界。换句话说，这个世界上可能存在平行世界。

4.12 量子力学的多世界诠释中的球体轨迹

量子力学中的多世界诠释是否正确，目前还没有得到证明，我们先假设它是正确的吧。那么，进入虫洞入口的台球就会从另一个世界的虫洞出口出来。这个“另一个世界”指的是台球没有进入虫洞的世界。

在那个世界中，台球虽然没有从虫洞入口进入，但却从虫洞出口出来了，然后就会扰乱最初台球的移动轨迹，使其无法进入虫洞入口。这样矛盾就消除了。

换句话说，在这种情况下的虫洞起到了连接两个平行世界的作用。

我们来看看下面这张图。在世界A中，台球并没有从虫洞出口出来，那么最初的台球就不会被扰乱地进入虫洞入口。

然后，这个台球就会从另一个世界B的虫洞出口出来，扰乱了世界B最初的台球的移动轨迹，使其无法进入虫洞入口。如果这个台球没有进入虫洞入口，那么它就不会从虫洞出口出来，因为这个出口与世界A相连，所以台球不会从世界A的虫洞出口出来。

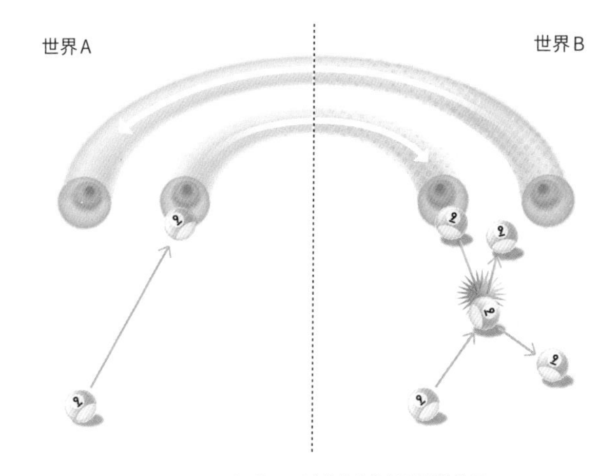

如果认为虫洞连接着两个平行世界，波钦斯基悖论就消失了

4.13 多世界诠释和祖父悖论

基于量子力学的多世界诠释，我们可以认为，不仅是虫洞，能够回到过去的时光机也被认为连接着平行世界中的其他世界。在多世界诠释中，现实世界是由无数个平行世界组成的，虫洞以不会出现矛盾的方式将这些平行世界复杂地连接了起来。

对于只能观察其中一个现实世界的人类来说，虫洞看起来很复杂，但事实上虫洞只有一个，而人类观察到的是多个现实，只不过它们复杂地交织在一起了。

顺着这个思路，不仅可以解决把球送到过去的波钦斯基悖论，还可以解决把人送到过去的祖父悖论。

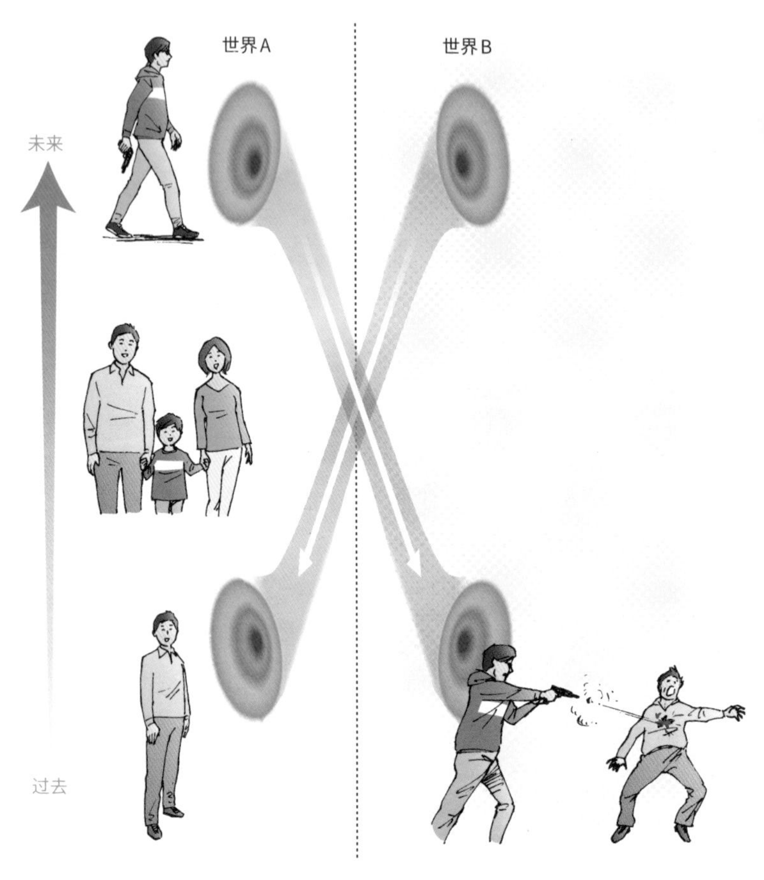

多世界诠释可以解决祖父悖论的问题

如果一个人乘坐时光机穿越到过去，他会到达与自己的世界不同的另一个世界。而在那个世界，无论这个人做什么都不会影响到他原本的世界。假设他在那个世界，在父亲出生之前杀死了祖父母，那么那个世界的他便不会出生，但是这并不会影响到他在原本的世界出生，因为这个人是同时处在两个不同的世界。在他出生的那个世界，因为不存在要杀死祖父母的未来的自己，所以他就能够出生。于是，祖父悖论这个问题就解决了。

4.14 剽窃自己的书并不奇怪

接下来，我们再想一想剽窃自己的书这件事。如果这本书是自己的，那就意味着明明没有人思考和撰写这本书，书却被写出来了，这就很诡异了。不过，如果能穿越到过去的时光机连接的是平行宇宙中的另一个世界，就意味着这本书是另一个世界的自己完成的。

即使有时光机，在写书前下定决心“将来要把写好的书送到过去”，我们也不一定能收到从未来传送过来的书。如果未来没有传送过来书，那我们就必须自己思考内容，自己写书。即便我们将写好的这本书放入时光机，它也有可能被送到另一个世界的过去。自己的这个世界没有收到来自未来的书，因为这本书到了另一个世界的自己那里。

另一个世界的自己在收到这本书后开始抄写。这个自己是否将这本书再放入时光机其实无所谓，因为如果放进去了，这本书也会去另一个平行世界；而即便没有放入时光机，自己的世界可能也会收到别的世界传送来的书。

此外，在这种情况下，即便稍微修改一下书的内容再放入时光机也没有问题，因为这本书有可能去了另外的世界。于是，在多个平行世界中，书被传来送去，而书的内容其实是某个世界的自己想出来的。

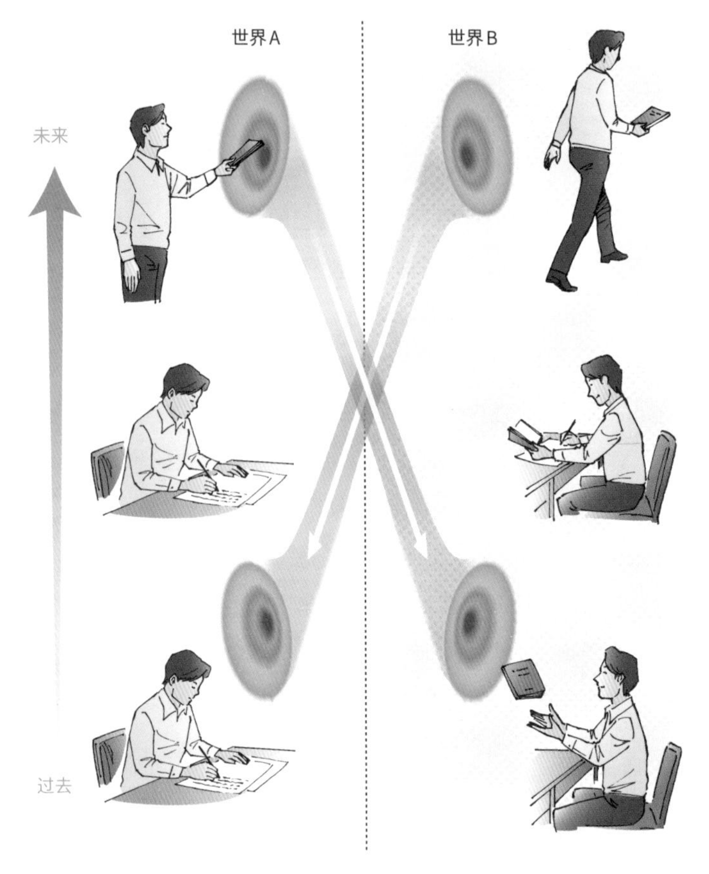

多世界诠释使剽窃自己的书这件事不存在问题

4.15 时光机与人类的自由意志

正如我们所看到的，为了解决回到过去的时光机引发的悖论，至少有以下三种方法：

1. 时序保护猜想

这个观点认为，可以回到过去的时光机根本就制造不出来。

2. 诺维科夫自洽性原则

这个观点认为，即便回到过去也绝对无法改变未来。

3. 量子力学中的多世界诠释

这个观点认为，时光机连接了其他平行世界。

除去第一种方法，剩下的两种观点认为时光机是有实现的可能的。如果可以制造回到过去的时光机，那么剩下的两种观点中，哪一个更正确呢？这个问题与人类是否具有自由意志有关系。

第二种观点，即诺维科夫的自洽性原则如果正确的话，人类就无法拥有自由意志了。穿越回父亲出生前的过去，想要杀死自己的祖父母这种事情绝对不可能发生。即使认为自己能通过回到过去改变未来，但实际上无论如何未来都无法被改变，只会发生原本就应该发生的事情。未来与过去一样，事先都已经被设定好了。

如果存在第三种可能性，即平行世界，人的自由意志就会被保留下来。因为这种观点认为未来存在多种可能性，而且不是事先设定好的。而通过物理学上量子力学的多世界诠释，平行世界的存在是可能的。

但无论哪种观点，在目前的物理学范围内都是无法得出结论的问题。如果能够制造出回到过去的时光机，最好的选择就是进行波钦斯基悖论的试验。这样我们就能判断后面两种可能性中哪一个是正确的了。或者，可能会出现我们从未设想过的结果。

如果发明了能够回到过去的时光机，或许就可以确定是否存在平行世界和人类的自由意志了。它不一定非得是

未来是否早已设定好了

人类可以穿越的时间机器。例如，把像电子这样的基本粒子送到过去的实验也是可以的吧？如果能够进行这样的实验，那么我们或许能够为“人类是否具有自由意志”这个看似与物理学无关的问题找到答案。

第2章

在第一部分的内容中，我从物理学的角度思考了时间旅行的可能性。接下来，让我们来思考空间旅行。空间与时间不同，人类可以在空间中自由穿梭。但是，移动的速度无法超过光速。也就是说，人类一生所能往返的只有几十光年，到更远的地方再回来是不可能实现的吗？

不，事实并非如此。如果人类用80年的时间乘坐宇宙飞船往返的话，可以到达10亿光年之外的地方并返回。这种梦幻般的事情在物理学定律下是可能实现的。接下来，让我们准备出发，前往宇宙的遥远之处吧！

5 写给想尽可能去远方的你

5.1 我们离不开地球

我们生活的星球

图片来源：NASA

提起宇宙，可能在很多人的脑海里浮现出的是：在遥远的夜空之外与自己的日常生活相距甚远的世界。但其实，我们现在看到的周围的景色也是宇宙的一部分。因为，宇宙包含了我们周围的世界，并且一直延伸到遥远的地方。我们就生活在宇宙之中。可以这么说，我既是一个日本人，也是地球人，同时也是宇宙人。

宇宙之所以看起来离我们很遥远，是因为我们在宇宙中处于一个很特殊的位置。在宇宙中，我们奇迹般地生活在对生命来说非常舒适的地方——地球这个小小行星的表面上。如果从出生时就只知道这个特殊的地方，你就不会意识到它的特殊性。换句话说，井底之蛙不知大海。

我想这本书的读者中应该没有人曾飞出过地球表面吧。即便读者是一名宇航员，曾乘坐航天飞机或在国际空间站停留过，也只不过是到距离地表几百千米的上空旅行。

几百千米大概就是东京到大阪之间的距离。地球半径大约为6400千米，这样看来，几百千米连地球半径的10%都不到。虽然飞到几百千米的上空已经不能算是还在地球表面上，但这个位置距离地球太近了，要将之称为飞出地球似乎又言过其实了。

从国际空间站传送回来的影像来看，地球似乎充满了整个视野。这就好比一个人刚跨出家门口一步，回头一看，发现视野中是整个房子一样。这样想来，这个距离确实太近了，我们很难管这个叫“外出”。

尽管如此，但国际空间站内部是无重力空间，与地球表面环境截然不同，就像只要走出家门一步，家里与外面的环境就完全不一样。寒冷的冬天，只要是在开足暖气的房间中，哪怕全身赤裸地走动也没有问题；但如果走到外面，就会被冻僵，甚至还有可能被警察逮捕。同样，只要走出地球一步，外面就仿佛是另一个世界了。

国际空间站和地球

图片来源：NASA

现如今，只要有钱甚至可以到国际空间站进行观光旅行。美国的一家太空旅游公司“太空探险”至今已经将7位顾客送上国际空间站旅行了，旅行所需费用约为60亿日元（约合3.7亿元）。英国歌手莎拉·布莱曼也计划在不久的将来参加这个太空之旅。只要有足够的钱，你也可以来一场太空旅行。

5.2 奔月旅行

虽然我们可以将去往国际空间站称为太空旅行，但这个距离就相当于走出家门一步。但是，如果是去往月球，那就不一样了。

迄今为止，只有NASA阿波罗计划的宇航员登上过月球。

阿波罗计划中使用的土星5号运载火箭

图片来源：NASA

登月第一人阿姆斯特朗（左）和阿波罗11号的成员们

图片来源：NASA

地球到月球的距离约为地球半径的60倍，差不多有38万4 000千米。如果是这个距离，我们可以非常自信地说，我们飞离了地球。如果按照刚才出家门的例子来看，这就相当于去离家数百米的超市。

1969年7月，阿波罗计划成功实现了人类的首次登月。当时，去往月球的单程时间为4天左右，不过这是将近50年前的事情了。之后，阿波罗计划又进行了5次载人登月任务，该计划于1972年结束。

以现在的货币价值计算，阿波罗计划耗资远超1兆日元。首次实现将人类送上月球的这个丰功伟绩给世界带来了巨大的冲击。除去首次登月的意义以外，登月这件事的耗资和相应的收获却不成正比。因此，阿波罗计划后就再无人登上月球。1981年至2011年，NASA的航天计划是绕地球飞行，与国际空间站一样，飞行高度距离地表仅数百千米。

从阿波罗11号出来后站在月球表面的宇航员奥尔德林

图片来源：NASA

最近，宇宙开发的民营化有了很大的进展，人们研发出了比以前更便宜的进入太空的新技术。发射从宇宙观测地球的人造卫星这项事业，已经有很多风险企业参与其中。此外，在取得世界级事业成功、拥有雄厚财力的企业家中，出现了以让普通人实现宇宙旅行为目的而创设太空探索公司的人。

著名网络销售平台亚马逊的创始人杰夫·贝索斯于2000

年成立了太空探索公司“蓝色起源”。这家公司正在研发可以供人类便宜且安全地进行宇宙观光的技术。此外，创立了线上支付企业Paypal的埃隆·马斯克，于2002年与他人联手创立了一家名为SpaceX的太空探索公司，并出任CEO（首席执行官）和CTO（首席技术官）。此外，在音乐、航空等诸多领域都极具影响力的英国维珍集团，其创始人理查德·布兰森也于2004年创立了维珍银河这家太空旅行公司。

其中，埃隆·马斯克的SpaceX是一家拥有约7 000名雇员的大型企业，可以说是这个领域的佼佼者。

据悉，目前飞往月球旅行的单人费用约为80亿日元（约合人民币4.7亿元），预计2023年能真正开始实施这项太空观光活动。整个行程将让游客搭乘火箭，用10天左右的时间进行地球到月球的往返之旅，但并不会在月球表面着陆，而是绕着月球飞行后便返回地球。如果这个消息是真的，那么月球之旅的费用就和去往国际空间站的费用差不多了。

杰夫·贝佐斯

图片来源：Steve Jurvetson

蓝色起源研发中的火箭

图片来源：蓝色起源

埃隆·马斯克

图片来源：Steve Jurvetson

SpaceX研发中的火箭

图片来源：SpaceX

理查德·布兰森

图片来源：NASA

维珍银河研发中的火箭

图片来源：Jeff Foust

5.3 火星之旅

刚才我说过，从地球飞向月球就像从家里出发去几百米外的地方。但如果是这种距离，可能有些人还是没有远途旅行的感觉。为了让这场飞离地球的宇宙之旅更有实感，还是要去比月球更远的地方。

在绕太阳运行的行星中，火星的轨道正好在地球轨道之外。火星绕太阳一周的公转周期是不到1年11个月。并且，火星和地球绕太阳的运行方向相同，几乎每隔2年2个月火星就会最接近地球一次。二者间的最近距离约为6000万千米，约是月球和地球距离的150倍。虽然以人类现有技术制作的火箭飞往火星，单程需要约半年时间，但去往火星的旅行是很有可能实现的。

火星

图片来源：NASA/EAS and The Hubble Heritage Team STScI/AURA

火星的直径约为地球直径的一半，地表重力不到地球的40%。此外，火星上一天的时间与地球上大致一样。火星上的大气层主要由二氧化碳构成，气压还不到地球气压的1%，从生活在地球上的感觉来看，火星的环境接近真空。如果想要在火星上居住，就必须打造出内部保持在1个标准大气压的居住空间。

事实上，荷兰一家名为“火星一号”的非营利组织已经计划从民间招募志愿者，让这些人今后永久居住在火星上。据说他们的计划是从2023年左右开始，每两年将4名移居者送往火星。虽然这对于志愿者来说是一次再也无法回到地球的单程票，但依然有约20万人报了名。虽然人们

SpaceX目前正在研发可以将人类送往火星的系统及大猎鹰火箭（设想图）

图片来源：SpaceX

对该项目的资金和移居者的精神状态等方面仍存在一些担忧，但目前该计划已经开始选拔候选人了。

除此之外，上面提到的SpaceX公司也计划将于2025年将人类送上火星，为此，他们正在全力研发一款全长达100米的名为“BFR”的火箭。SpaceX表示，如果这个计划进展顺利，今后每人只需花费约2 000万日元便可来一场火星之旅，真令人震惊。SpaceX还考虑未来在火星上建设一个百万人规模的城市。

正如大家所看到的，火星旅行现在已经有了非常具体的计划，是非常现实的。虽然这是人类的梦想，但宇宙也是充满危险的。只要有足够的金钱和不畏惧死亡的决心，或许不远的未来你也可以登上火星。

5.4 金星和水星之旅

金星

图片来源：SSV,MIPL，Magellan Team,NASA

水星

图片来源：NASA/Johns Hopkins University Applied Physics Laboratory/Carnegie Institution of Washington

太阳系中总共有八大行星。虽然在火星以外的行星上居住是很艰苦的，但如果只是进行观光旅游的话，或许在不远的未来就能够实现。

火星是在地球外侧运行的行星中最接近地球的，而地球内侧运行的行星只有金星和水星。

金星是在地球内侧运行的行星中离地球最近的一颗，绕太阳的公转周期为7个多月。由于运行方向与地球一致，因此金星每1年零7个月有一次最接近地球，最短距离约为3820万千米，约为月球和地球距离的100倍。现在的火箭需要大约三个月的时间才能到达金星。

金星的大小与地球差不多，重力比地球小一些，但金星上有一层主要由二氧化碳构成的厚厚的大气层。并且金星地表的气压高达地球的90倍，地表温度接近500摄氏度。因此，金星的地表对人类来说是严酷的环境。此外，金星的自转速度极其缓慢，金星上的一天相当于地球上的117天，所以白昼和黑夜会分别持续2个月之久。这么一看，大家就会发现金星不是人类登陆和停留的好地方。

水星是八大行星中最靠近太阳的行星。地球距离水星的最近距离为7 730万千米左右，但想要接近水星可比接近火星、金星要困难得多。这是因为，想减少围绕太阳运行的离心力是不容易的。现代探索卫星都是依靠“绕行星变轨”的方式，即利用其他行星的重力来改变飞行轨道的。

水星的自转非常缓慢，水星上的一天相当于地球上大约6个月的时间，白昼和黑夜会分别持续3个月。此外，水星上几乎没有大气层，昼夜温差极大，白天最高气温能达到400摄氏度以上，而夜晚最低气温有零下170摄氏度。想必人类不会移居到这样的星球，所以即便是去水星，也只是想在轨道周围进行一场观光旅行。

5.5 木星和土星

相比较来说，太阳附近的水星、金星、地球和火星四颗行星的地表都由岩石构成。这些行星被称为“岩石行星”或“类地行星”，它们的构造与地球大致相同。由于这些行星地表都有坚实的地面，因此想要着陆在上面并不成问题。

剩下的四颗行星从靠近地球的一侧开始，分别是木星、土星、天王星和海王星。这些行星与岩石行星不同，不像类地行星那样有清晰的地表。因此，即便人类想要去往这几颗行星，也无法在上面着陆和走动，只能从上空俯瞰这些行星了。

这些行星之所以没有坚实的地面，是因为它们特殊的构造，它们的最外层由气态物质构成，往内部逐渐变成液态或固态。它们不像地球表面那样，固体地表和海洋的液体表面有明显的界线。

到木星和土星的距离比到火星的距离要远得多。虽然这个距离因地球的公转多少会有些变化，但从距离太阳的

太阳系中的八大行星。中间靠左的是木星，右边是土星，上面是天王星和海王星

图片来源：NASA

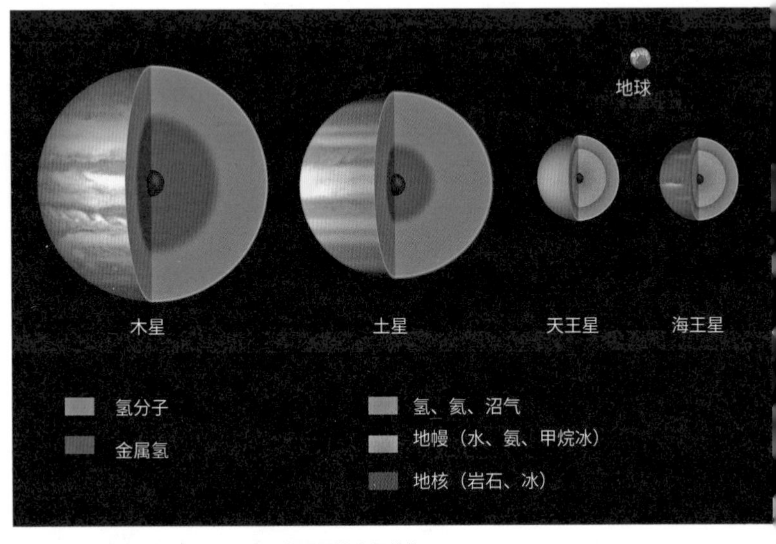

木星、土星、天王星、海王星的内部结构

图片来源：NASA/Lunar and Planetary Institute

SpaceX的木星之旅（设想图）

图片来源：SpaceX

角度来看，木星约为8亿千米，土星约为14亿千米。以现代技术的水平，只要花几年时间就能从地球到达木星，未来人类有可能来一场到木星的观光旅行。

虽然木星和土星本身没有可供着陆的地表，但围绕它们运行的卫星表面是可以着陆的。其中，木星的卫星“木卫二（Europa，欧罗巴）”和土星的卫星“土卫二（Enceladus，恩克拉多斯）”是我很想去看看的卫星。

木卫二的大小比月球小一点，其表面覆盖着3千米厚的冰。冰层下还埋藏着深约100千米、由液态水构成的海洋。并且，太阳光照射不到这片海洋。不过，尽管太阳光也照射不到地球的深海，但那里仍有生命。由此我们可以推测，说不定木卫二上也有类似地球深海生物那样的生命。

土星的卫星土卫二的内部构造（设想图）

图片来源：NASA/JPL-Caltech

土卫二是一颗直径500千米的天体。与木卫二一样，表面都被冰层覆盖，内部有液态水。由于土卫二地表有水蒸气喷出，因此专家推测其地下有活火山。在这样的地方，说不定也有生命存在。

5.6 天王星、海王星以及不再是“行星”的冥王星

位于土星公转轨道外侧的天王星和海王星距离地球就更远了。天王星距离地球平均距离约28亿千米，海王星距离地球的平均距离有45亿千米左右。由于这两颗行星距离太阳非常远，所以去的时候必须做好御寒的准备。以现在的火箭技术来说，去往天王星单程需要花费10年左右的

土卫二的地表（设想图）
图片来源：NASA/David Seal

时间。

迄今为止到达过天王星和海王星的宇宙探测器只有“旅行者2号”。旅行者2号绕着木星、土星、天王星、海王星观测了一圈，现在已经飞出太阳系，在更遥远的太空航行。旅行者2号用了2年时间到达木星，用了4年时间到达土星，用了8年半的时间到达天王星，最终到达海王星时距离出发时已经过了12年。

在海王星轨道的外侧，有一颗名叫“冥王星”的矮行星在运行。冥王星于1930年由美国天文学家克莱德·汤博发现，当时人们认为它是第九颗行星。

最开始人们并不知道冥王星的大小，后来才发现它比其他行星要小得多，跟最小的行星水星比，直径也只有水

冥王星

图片来源：NASA/ Johns Hopkins University Applied Physics Laboratory/Southwest Research Institute

星的一半左右，它比地球的卫星月球还要小。

发现冥王星后，人们又发现太阳系周围有许多类似冥王星的小型天体。因此，冥王星于2006年被排除在行星之外，被归类为矮行星。

2015年，宇宙探测器“新地平线号”到达冥王星并进行了观测。新地平线号上还搭载了冥王星发现者克莱德·汤博的骨灰。在观测完冥王星后，新地平线号探测器还将继续观测其他太阳系外缘的天体，之后还将带着给地球外生命的信息离开太阳系。

6 去往太阳系之外

6.1 飞出太阳系

接下来，考虑一下飞出太阳系，去往其他恒星。与太阳系中行星之间的距离相比，地球到其他恒星的距离就是无限远了。以光速从地球到冥王星，需要花5个半小时左右，但想要到达太阳系以外的主要恒星的话，即便以光速飞行也要花费至少数年的时间。而且，其中大部分都需要几十年甚至几千年才能到达。

这么遥远的距离，以目前的化学燃料和火箭技术恐怕难以实现。如果要搭载人类，就需要一艘飞行速度接近光速的宇宙飞船。

如果宇宙飞船的速度无限接近光速，相对论中的浦岛效应就会发挥作用，那么人类在自己的寿命范围内，就有可能在数千光年以外的空间之间来一趟往返之旅。但当人类回到地球后，恐怕就要面临童话故事里浦岛太郎的结局了。

如前所述，假设1g宇宙飞船已经实现了，它可以在太空中航行，并保持和地球相同的重力。也就是说，飞往遥远宇宙的一半路程以1g进行加速，接下来的后半程改为以1g减速。在整个飞行期间，宇宙飞船内部可以保持与地球相同的重力，使得整个环境对人类来说是既熟悉又舒适的。

下面这张表格是根据相对论计算得出的结果，为大家展示了利用1g宇宙飞船能够到达的距离和往返所需的时间。如果有读者对具体的计算方法感兴趣，可以参照附录。

目的地距离	往返所需时间	地球上过去的时间
10光年	10年	24年
100光年	18年	204年
1 000光年	27年	2003年
1万光年	36年	2万年
10万光年	45年	20万年
100万光年	54年	200万年
1 000万光年	63年	2 000万年
1亿光年	71年	2亿年
10亿光年	80年	20亿年

乘坐1g宇宙飞船往返宇宙所需时间

※由于四舍五入，本表与第24页的表的数据有误差

如果这个1g宇宙飞船的行驶时间达到1年，它的速度

就会非常接近光速。因此，即使我们去往10光年以外的星球进行往返旅行，地球上过去的时间也只不过是24年。再加上相对论的浦岛效应生效，旅行者感受到的时间会更短。如果去往10光年之外的星球再返回，虽然往返的距离有20光年，但旅行者只需要10年的时间。按照这个计算，即便去往100光年以外的星球，也只需要18年的时间。去的星球越远，这个效果就会越好，如果旅行者花费71年的时间，甚至可以到达1亿光年以外的地方。不过，当旅行者返回地球时已经是2亿年后了。

6.2 离我们最近的恒星

我们现在居住的地球在太阳系的行星中排行老三。虽然还有其他七颗行星，但地球的特别之处就在于地球上生活着许许多多的生命。目前，人类还不知道其他行星上是否存在生命，但可以确定的是，其他行星都没有地球这样适合生命生存的环境。在太阳系中，应该没有像我们人类这样的智慧生命体了。

而在广阔无垠的宇宙中，是否存在像人类一样拥有智慧的外星人呢？如果有的话，我是非常想要拜访这些宇宙邻居的，不过考虑到宇宙之广阔，这似乎又不太容易实现。因为这个存在外星人的星球可能距离地球太远，我们需要花费的时间会非常长。

其实宇宙中还存在像太阳这样自身可以发光的恒星，离我们居住的太阳系最近的是约4光年以外的比邻星。

从地球上看，这颗恒星为红矮星，虽然泛红，但相较太阳，其亮度要暗得多，其明亮程度只有太阳的千分之一。如果太阳也是一颗红矮星的话，地球就会因为过于寒冷导致人类无法居住了。但是，如果是比地球更靠内侧运行的行星的话，应该能够保持表面的温度。

2016年，环绕比邻星运行的比邻星b被发现。由于比邻星b的轨道离比邻星很近，因此比邻星b上或许具备可以维持生命生存所需的温度。

我们生活着的地球上的景色（照片为加拿大的梦莲湖）

6.3 宜居带

行星如果太冷或太热，上面的水就会冻结或蒸发，生命生存所需要的液态水就不会存在于行星表面。比如，水星和金星比地球离太阳更近，因此这两颗行星的表面温度很高，即便上面有水也都蒸发掉了。此外，火星在地球公转轨道之外运行，因为地表温度很低，所以即便有水也会结冰。

因为行星表面有液态水，所以环绕位于中心的恒星运行时的半径就必须在一个刚刚好的范围内。人们将这个刚刚好的范围称为“宜居带”，也就是说，在这个范围内的星

距离太阳最近的恒星比邻星和绕比邻星运行的行星比邻星b（设想图）

图片来源：ESO/M.Kornmesser

球都是可以居住的。

液态水对于生命来说不一定是不可或缺的，即便一颗

宜居带

图片来源：NASA

行星不处于宜居带，其地下也可能有液态水。但是，为了维持跟人类相似的智慧生命能够生存的环境，行星表面存在液态水或许是最起码的条件了。

太阳系的宜居带为地球公转轨道的半径附近。当然这个宜居带的位置也取决于中心恒星的明亮程度，中心恒星越亮，半径则越大；中心恒星越暗，半径则越小。

6.4 比邻星b

2016年发现的比邻星b正好就处于宜居带。上面或许有生命存在，这个期待也引发了公众极大的兴趣。并且，这颗行星的大小与地球十分相似。

目前，人类对于比邻星b这颗行星上的实际状态还没有太多了解，因为它距离地球实在太远了，所以用天文望远镜都看不清楚。

而之所以能够发现这颗行星，是因为人类在仔细观察这个星系的“太阳”，即比邻星的运动轨迹。由于有比邻星b的环绕运行，位于中心的比邻星会产生轻微的晃动。

比邻星上有强烈的紫外线等对地球上的人类来说有害的射线，因此，比邻星b的表面很可能没有大气层，这对人类来说是严酷的生存环境。

但是，即使在如此严酷的环境下，也有可能进化出能够存活下来的生命。即便生命存在的可能性微乎其微，我也很想去一探究竟。虽然目前这仍是遥远的梦想，但我们可以更认真地思考这件事。

6.5 去往比邻星的旅行计划

我们来想一想乘坐1g宇宙飞船，前往比邻星和比邻星b进行观光旅行这件事。在上面的内容中我曾介绍过，地球

比邻星b的地表(设想图)

图片来源：ESO/M.Kornmesser

到比邻星的距离为4光年多，准确来说是4.25光年。

如果在这个距离的前半程以1g的速度进行加速，那么最大速度将达到光速的95%。行程过半后开始减速，当到达比邻星b时，地球上已经过了5年零11个月了。但由于浦岛效应的作用，乘坐宇宙飞船的游客实际只用了3年零7个月左右就到达目的地了。即便是4光年以外的地方，由于有浦岛效应，游客也可以在不到4年的时间内就到达比邻星。

接下来，我们假设宇宙飞船在比邻星b及其附近绕了几个月后返回地球。那么对于游客来说全程所需的时间为8年左右，但地球上的时间其实已经过了差不多14年，也就是说这些游客回来后会比同龄人年轻6岁左右。这个结果不会

如果能够发明像豪华游轮那般设备齐全，并且能够供给巨大能量的宇宙飞船，或许就能实现前往比邻星b及其周边的观光旅行了

像浦岛太郎那样，回来后发现认识的人都已经不在了，所以对于这种未来之旅，大家不会那么抵触吧。

虽然全程耗时8年的旅行十分漫长，但现在人类若想乘坐游轮周游世界，也需要花费一百多天的时间，并且其中大部分时间都是在游轮上度过的。如果能够将宇宙飞船的设施打造得像豪华游轮那样，即便是耗时8年时间的旅行，相信大家也能够乐在其中吧。

这样的宇宙飞船需要耗费巨大的能量。无论人类开发出多么高效的引擎，宇宙飞船的绝大部分重量依然会被燃料占据。不过，现实技术能否实现我们暂且不考虑，只看原理的话是完全有可能实现这样一场旅行的。

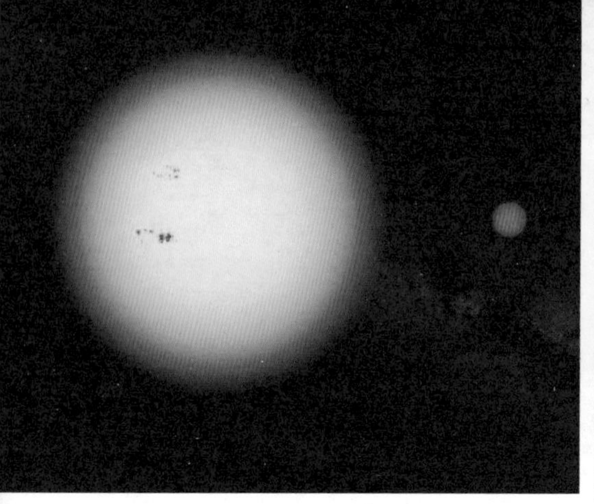

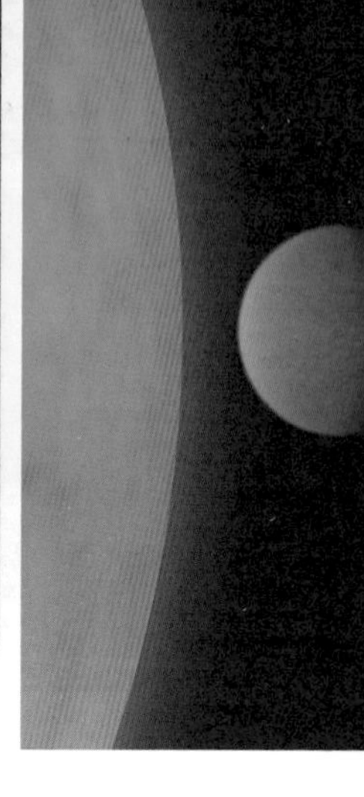

特拉比斯特-1和太阳（左）的比较

图片来源：ESO

6.6 特拉比斯特-1

上面介绍了比邻星b是围绕距离地球最近的恒星运行的行星，可能有读者朋友要问了，还有其他值得我们去的星球吗？答案是有的，其中最好的候选者便是距离地球39光年的一颗名叫“特拉比斯特-1”的恒星。与比邻星相比，特拉比斯特-1离地球的距离要远10倍左右。

特拉比斯特-1和比邻星一样，是一种叫作红矮星的暗恒星，其半径仅为太阳的十分之一，约是木星的2倍，而它的亮度也仅是太阳的千分之一。

人们在这颗恒星附近发现了7颗行星，并且其中有3颗行星都处于宜居带。这7颗行星以公转中心距特拉比斯特-1

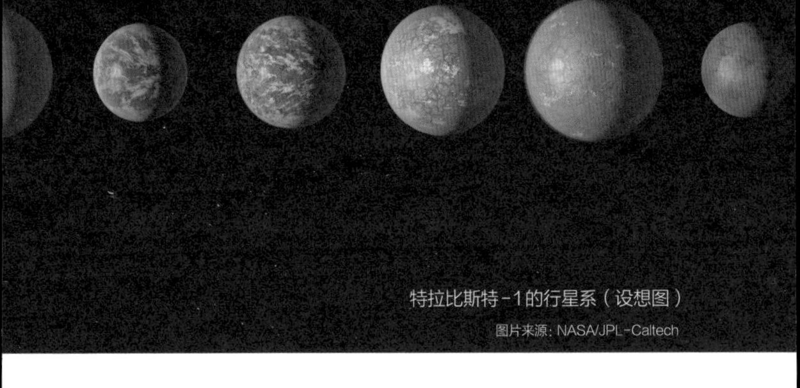
特拉比斯特-1的行星系（设想图）
图片来源：NASA/JPL-Caltech

由近至远的顺序，分别以行星名加字母b至h来命名，因此它们分别叫作：特拉比斯特-1b、特拉比斯特-1c……特拉比斯特-1h。

其中e、f、g这3颗行星很有可能处于宜居带，这些行星的大小也与地球相似，因此人们对上面存在生命的期待值相对较高。

6.7 去往特拉比斯特-1的旅行计划

虽然特拉比斯特-1离地球的距离比比邻星要远将近10倍，但浦岛效应的作用也会更强，因此，去往特拉比斯特-1后再返回地球所需的时间不是往返比邻星所需时间的

10倍。正如我在前面内容中所介绍的，如果宇宙飞船在飞行的前半程以1g的惯性加速，然后在中间点转换为减速的话，在飞往特拉比斯特-1途中到达中间点时的最快速度甚至能达到光速的99.9%。这时的浦岛效应已经极其强烈，在宇宙飞船上的游客感受到的时间，单程将达到7年零3个月左右。去往39光年外的星球，仅用7年多的时间就可以到达，先不论金钱上的花销，仅从时间来看，这是一场非常值的旅行。而这场旅行回来后，地球上的时间已经过了40年。往返需要花费将近15年的时间，所以这绝非一场可以

在其行星上看特拉比斯特-1的景色（设想图）

图片来源：NASA/JPL-Caltech/T.Pyle（IPAC）

说走就走的旅行，但只要有一点决心，就有实现的可能。

到达特拉比斯特-1后，我们就绕着7颗行星按顺序看一看吧。这些行星上又是怎样的面貌呢？它们很有可能和地球一样由岩石构成，并且因为有3颗行星可能位于宜居带，届时我们说不定还会发现一些有趣的东西。甚至有可能将来生命进一步进化，那里的环境人类也可以居住，说不定到时候人类还会移居到那些星球上。

当我们完成对特拉比斯特-1的行星群的全面探索后，就该准备返回地球了。但由于浦岛效应的作用，我们返回地球时，地球上的时间已经过去了80年。也就是说，我们结束这场耗时15年的旅行后，地球上的亲朋好友可能比我们大65岁。如果不是从小就出发，回来时我们认识的人可能都已经去世了。80年后，地球的样子可能也变化巨大。因此，如果真的有这样的时空之旅，我们还是要做好相应的心理准备。

6.8 开普勒-90

比特拉比斯特-1远得多，在距离地球2500光年左右的地方有一颗与太阳极为相似的恒星，叫作“开普勒-90”。目前已知，有许多行星在绕着开普勒-90运行。开普勒-90的大小和明亮程度等都比太阳大10%到20%，因此只要有行星，这里或许就会出现和太阳系类似的环境。

开普勒-90的行星（上）和太阳系的行星（下）的大小对比。但请注意本图并非公转半径的对比

图片来源：NASA/Ames Research Center/Wendy Stenzel

截至目前，在开普勒-90周围已经发现了8颗行星。其中绕内侧运行的6颗行星都比地球要大一些，以直径来看，有的比地球稍大一些，有的比地球大将近3倍。从这些行星的大小来看，人们推断它们都属于岩质行星；而外围的两颗行星则和木星、土星差不多大，被认为是气态行星。也就是说，在开普勒-90附近有着8颗和太阳系行星差不多的行星。

这8颗行星的轨道半径都比太阳与地球之间的距离要短，因此行星表面的温度可能会非常高。也就是说，这8颗行星并不在宜居带内。受目前观测方法的限制，人们不知道是否还有其他行星在更大的半径轨道上运行。说不定开普勒-90附近还有其他行星，而它们的上面可能有生命存在。

地球到开普勒-90的距离为2500光年左右，与39光年外的特拉比斯特-1相比，距离要远60倍以上。但是，如果使用1g宇宙飞船前往的话，游客单程只需要花费15年多的时间就可以到达该星球。不过，去特拉比斯特-1还需要7年左右的时间，这样一想，仅用2倍的时间就可以走60倍的路程。

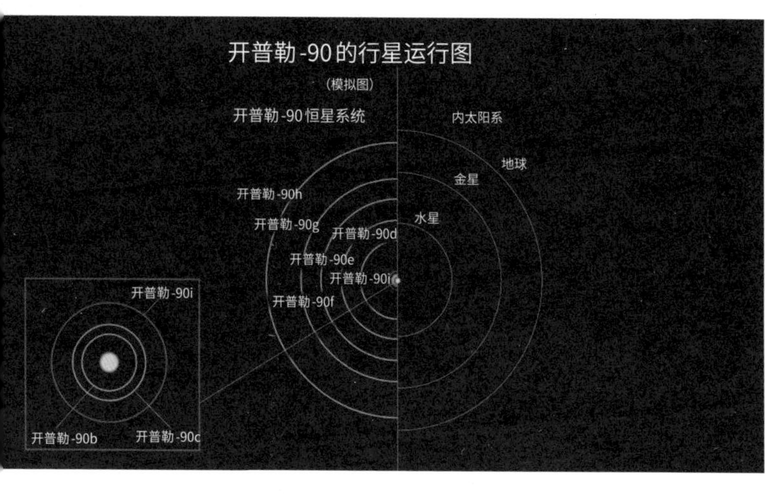

开普勒-90的行星轨道（左）与太阳系的行星轨道（右）的对比

图片来源：NASA/Ames Research Center/Wendy Stenzel

在飞行到中间点时宇宙飞船的最快速度可以达到光速的99.99997%，相对论的浦岛效应已经十分明显。如果去开普勒-90进行一场观光旅行，那么返回时地球上已经过了约5000年。虽然现代人类的后代可能还生活在地球上，但那时的社会可能已经发生了难以想象的变化。

6.9 参宿四

我对于去往和太阳系类似的星球探索生命这件事的兴趣浓厚，也很想尝试去环境更恶劣的地方冒险，比如去往和太阳系完全不同的星系。宇宙中还存在比太阳大得多的恒星。

这些巨大恒星，其中之一便是接下来我要为大家介绍的参宿四。从日本观察的话，参宿四位于猎户座的左上方。由于猎户座是诸多星座中非常引人注目的星座，所以冬季的夜晚在南方的星空寻找，很容易就能发现它。猎户座有7颗星，其中最明亮的便是左上方的参宿四和右下方的参宿七这两颗一等星。

一般来说，参宿七是猎户座中看起来最亮的，并且也是一颗巨大的星星，其直径约为太阳的80倍。但是，参宿四比参宿七还要大，直径约为太阳的1 000倍。

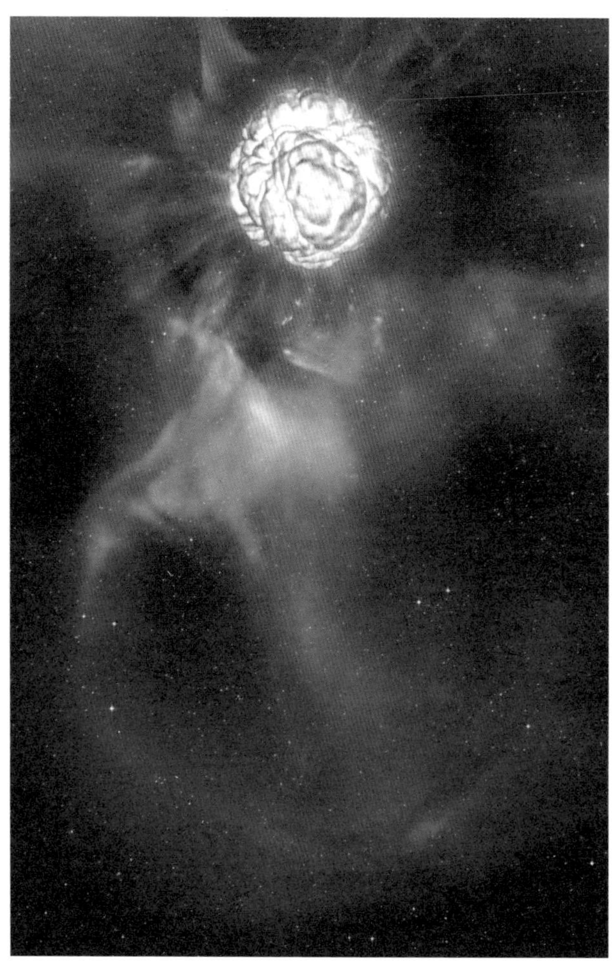

位于猎户座的参宿四（设想图）

图片来源：ESO/L.Calcada

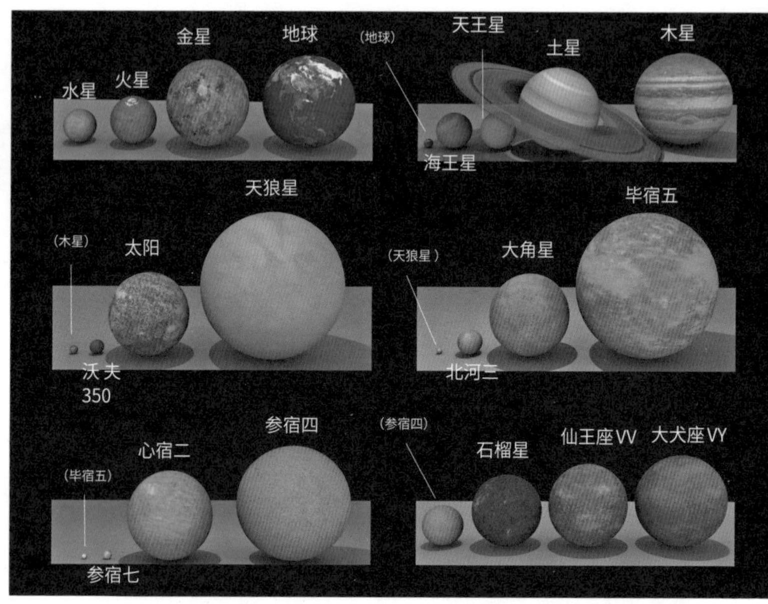

行星或恒星的大小比较（模式图）

图片来源：CC BY-SA 3.0 Dave Jarvis

为了让大家更直观地感受参宿四的大小，我们先将太阳的直径设定为1米。这时参宿四的直径就相当于1 000米了。直径大1 000倍就意味着参宿四的体积是太阳体积的1 000倍的立方，也就是10亿倍。这么一看，大家就明白参宿四有多么巨大了吧。

参宿四是一颗红超巨星，虽然体积是太阳的10亿倍，但质量只是太阳的20倍左右。这是因为参宿四原本并不是一颗如此巨大的恒星，膨胀后才有了这般体积。

此外，参宿四的光度不是恒定的，会随着时间而改变，也就是说参宿四还是一颗变光星。其光度变化不规律，差不多是以几年为单位变亮和变暗。最亮的时候甚至会超过参宿七，成为猎户座中最容易看到的星星。

参宿四不仅在光度上有变化，在大小上也在变化。根据自1993年起15年的观察，人们发现参宿四体积缩小了15%。也就是说，参宿四与太阳还有一个不同点，即参宿四是一颗不稳定的恒星。

地球与参宿四的距离约为600光年，比与开普勒-90的距离要近得多。乘坐1g宇宙飞船，只需要24年的时间就能在地球和参宿四之间往返，而返回时地球上则过了1200多年。

当你接近参宿四时，你将被一种耀眼的光芒包围，这种光芒远超太阳的光芒。其星体的亮度为太阳本体亮度的1万倍以上。此外，参宿四不像太阳那样，是一颗完美的球体，它的表面有鼓包，所以表面的亮度也参差不齐。目前从地球观测参宿四，只能得到下面这张模糊不清的图片，如果能够近距离观察的话，应该能发现参宿四更多的特质。

但是，人类最好不要太接近这颗恒星。因为参宿四正处于演化的末期。这种超巨星最后都会发生一种壮观的叫作“超新星爆炸”的大爆炸。科学家预测，在不久的将来，处于不稳定状态的参宿四会发生超新星爆炸。不过这个不久的将来可能是10万年之后，目前看来，它在六百多年后爆炸的可能性很小。不过什么事都有个万一，万一我们被卷入超新星爆炸，那可就不得了了。

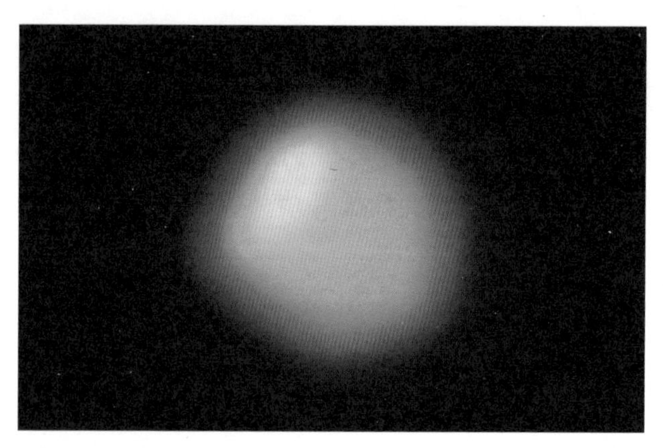

通过射电望远镜观察到的参宿四图像

图片来源：ALMA(ESO/NAOJ/NRAO)/E.O’Gorman/P.Kervella

6.10 鹰状星云和“创生之柱”

在距离地球约7 000光年的太空有一个奇怪的地方。这里位于巨蛇座鹰状星云的中心区域，也就是俗称“创生之柱”的地方。请大家参照第126页的照片，这里看起来就好像矗立着三根巨大的柱子一般。而这张照片也是哈勃太空望远镜拍下的最美的照片之一。

在这一区域，恒星正在积极地诞生，尤其是年轻的恒星会放射出强烈的紫外线，这些紫外线会让四周的气体和尘埃蒸发。而没有蒸发掉的部分看起来好像变成了一根泛黑的柱子。也就是说，创生之柱其实是由新诞生的星星“雕刻”出来的。柱子的顶端有一些凸起的部分，这些其实是气体和尘埃密集汇聚的部分，新的恒星会在那里诞生。

鹰状星云

图片来源：ESO

现在普遍认为太阳也是在和创生之柱相似的环境中诞生的。如果能够到达创生之柱的附近，或许人类就能够弄明白太阳及其周围的行星是如何形成的了。

因为创生之柱在慢慢蒸发，所以当人类到达时，它的形状可能已经发生了很大的变化。乘坐1g宇宙飞船进行往返旅行的话，需要花费34年左右的时间，而当回到地球时已经过去差不多1.4万年了。这期间我们就可以观察创生之柱究竟是如何变化的了。如果能够缩短时间去观察星星诞生的现场，这场观光之旅似乎也不错。

位于鹰状星云中心区域的“创生之柱”

图片来源：NASA,ESA,and the Hubble Heritage Team(STScI/AURA)

6.11 脉冲星

宇宙中有像灯塔一样的地方：一些天体以精确的周期发出脉冲状的电波。这些天体被称为“脉冲星”（就是发出脉冲波的星星的意思）。世界上第一颗脉冲星是在电波观测中被发现的，这个天体被标记为“PSR B1919 +21”，位于狐狸座的方向。目前尚不知道这颗脉冲星与地球之间的距离，但估算它距离地球2300光年，乘坐1g宇宙飞船往返需要30年左右的时间。

这个脉冲星会周期性地以约每1.3秒一次的频率发出脉冲波。由于它每次发出脉冲的时间间隔相同，精确度可达10位数或者更高，因此在它被发现之初，人们还曾猜测这或许是地球外的生命发出的信号。

脉冲星（设想图）

图片来源：ESO/L.Calcada

但事实上，这并非外星生命发出的信号，而是一颗体积很小的恒星在高速自转。而它的自转周期正是1.3秒。这颗脉冲星的半径仅为10千米多，是太阳半径的七万分之一。尽管体积很小，但它的质量是太阳的1.4倍，也就是说它的密度相当于平均每立方米重7亿吨。

如果一个天体的质量如此庞大，那它就跟其他天体的状态有着极大的不同。位于原子中心位置的原子核会重叠在一起，整个星体就像一个巨大的原子核。原子核有一种名为中子的粒子，数量庞大的中子会组成“中子星”。

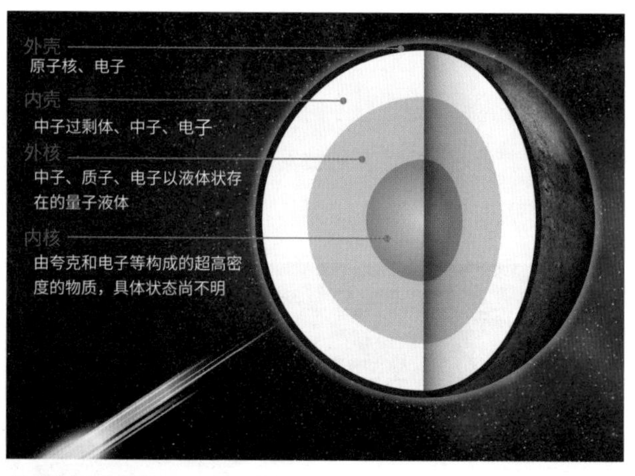

中子星的内部结构

这个天体并不是一开始就是中子星。最开始它应该是一个大型恒星，和太阳一样曾发出光。但恒星在发光时，其本身的密度并没有那么高。一旦星体内部燃料耗尽，随着温度的下降，支撑整个恒星的力量就会消失。这样一来，这颗恒星就会在自身引力的作用下迅速坍缩。在这种冲击下，星体外部反而会被吹跑，这就引发了前面提到过的超新星爆炸，而剩下的星体中心部分就成为中子星。

虽然原本这颗星体就在转动，但体积迅速变小导致它的自转速度加快。这就与花样滑冰的选手在旋转时会收回手以加速旋转是一个道理。因此，半径约10千米的星体才可以以1.3秒左右的短周期进行自转。

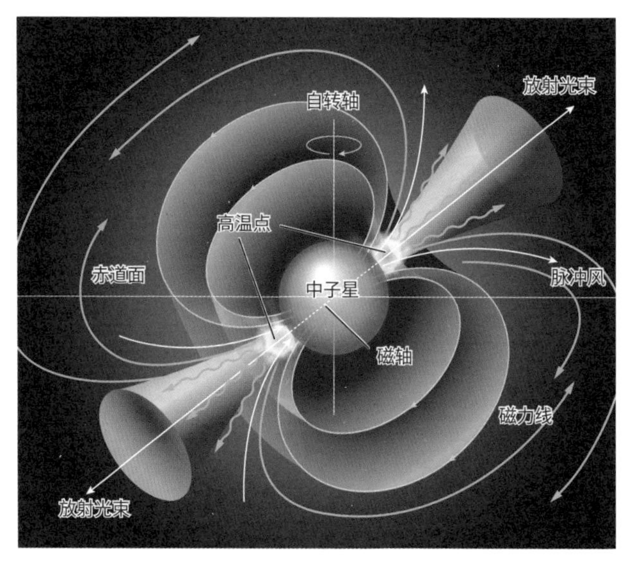

脉冲星（结构图）

脉冲星有着强大的磁场，并向着磁极的方向发射电磁波。由于星体的自转轴与磁极方向不一致，因此只有当磁极方向正好冲向地球时，我们看过去才觉得它明亮。虽然海上的灯塔一直在发光，但由于它照射的方向会改变，所以我们也只能周期性地看到它的光亮。这样想来，脉冲星与灯塔周期性地发亮的原理是一样的。

6.12 天鹅座X-1

如果还想去更特殊的星体，我们可以去天鹅座X-1，因为这里被认为存在黑洞。天鹅座X-1距离地球6 000光年左右。乘坐1g宇宙飞船进行往返旅行需要35年左右，这期间地球上的时间已经过去了1.2万年以上。

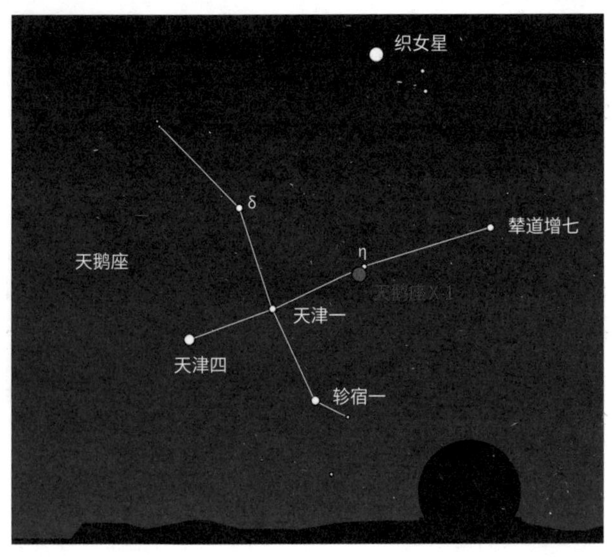

天鹅座X-1的位置

图片来源：NASA/JPL-Caltech

黑洞被认为是巨大的恒星在发生超新星爆炸后留下的天体。如果原来的恒星的质量约为太阳的8倍至25倍，那么超新星爆炸后就会留下中子星；而如果是质量比太阳大25倍以上的恒星，爆炸后留下的星体就会因为重力过强而形成黑洞。

据估计天鹅座X-1中的黑洞半径为44千米左右。作为天体来说其实体积相当小，半径仅为太阳的一万六千分之一。但它的质量却是太阳的15倍①。

由于黑洞的重力极其大，因此在它半径内侧的物质没有能够逃脱得掉的。在前面的内容中我也为大家介绍过，连光都逃不出黑洞。因此，黑洞自身是不会发出光的，我们也无法直接看到它。

虽然黑洞无法被直接观察到，但它的强大重力对周围影响巨大。因此，我们可以间接了解到天鹅座X-1附近有一个黑洞。在天鹅座X-1的黑洞附近有一个直径是太阳的16倍的巨大蓝色恒星。这个恒星与黑洞互相绕着运行。这个蓝色的巨型恒星会释放出气体，在黑洞强大的重力作用下，这些气体会全部被吸到黑洞附近。

被吸向黑洞的气体不会直接落入黑洞之中，而是会在黑洞四周绕行并形成圆盘状。这个圆盘的温度极高，并放射出X射线。天鹅座X-1这个名字就是由于这个天体会释放

---

① 根据2021年初发表在《科学》杂志上的一篇中国科学院国家天文台专家参与撰写的多人署名文章，天鹅座X-1的最新质量是太阳的21倍。

天鹅座X-1（设想图）

图片来源：NASA/CXC/M.Weiss

黑洞周围的圆盘因“引力透镜”的作用看起来出现弯曲（设想图）

图片来源：NASA GSFC/J.Schnittman

出X射线而得来的。

如果我们实际到达那边，会看到什么样的景象呢？光是无法在黑洞周围笔直前进的，黑洞起到了透镜一般的作用。因此，黑洞周围的圆盘并非它原本的样子，而是像上页的图那样有一个奇妙的弯曲。

6.13 银河的中心——超大质量黑洞

如果说我们居住的银河系中，哪里最能引起人们的兴趣，那想必就是银河的中心了吧。那银河的中心又有什么呢？

浮现在夜空中的银河

如果到了银河的中心，我们就会从里面观察到浮现在夜空中的银河，这时的银河呈圆盘状。从地球望向圆盘的中心方向，会觉得银河格外明亮。不过，这里其实看不见什么特别的天体。

虽然在可见光的波段内什么也看不见，但是银河的中

将银河中心区域扩大后的图像。黄色圆圈的中心便存在一个超大质量黑洞

图片来源：NASA, ESA, and Hubble Heritage Team(STScI/AURA)
Acknowledgment: T. Do,A.Ghez(UCLA),V. Bajaj (STScI)

心却有一个黑洞。这个黑洞比其他黑洞要大得多，因此被称为“超大质量黑洞”。从地球望去，这个黑洞位于人马座和天蝎座的边界方向，而人马座A*这个天体被认为是这个超大质量黑洞。

人马座A*虽然在可见光下看不到，但它会发射无线电波。黑洞本身并不发光，但黑洞周围物质的强大引力场的能量能产生无线电波。

天鹅座X-1的黑洞重量约是太阳的21倍，作为天体来

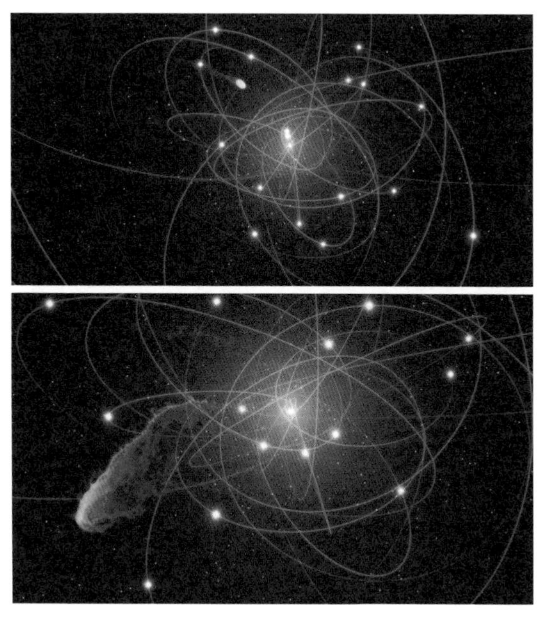

G2气体云冲向人马座A*的样子（设想图）

图片来源：ESO/MPE/Marc Schartmann

说并不是很重。但是，这个人马座A*的黑洞的重量却是太阳的约400万倍。这个黑洞的半径也达到了约1200万千米，几乎是太阳的20倍。与位于天鹅座X-1的黑洞44千米的半径相比，实在是大到根本不是一个量级。

由于人马座A*周围的物质量很少，因此这个黑洞就安静地待在那里。但偶尔会有一些星体或气体撞向这个黑洞，这时无线电波以外的其他电磁波也能被观察到。

地球与人马座A*的距离约2.6万光年。如果乘坐1g宇宙飞船的话，40年左右就可以往返一趟，这期间地球上则过去了5.2万年左右。

当接近这个超大质量黑洞时，就会感受到强烈的重力场的作用，光也会随之扭曲，周围的景色看起来都是弯折的。

目前人们认为这样的超大质量黑洞不仅存在于银河系，还存在于其他大型星系的中心地带。

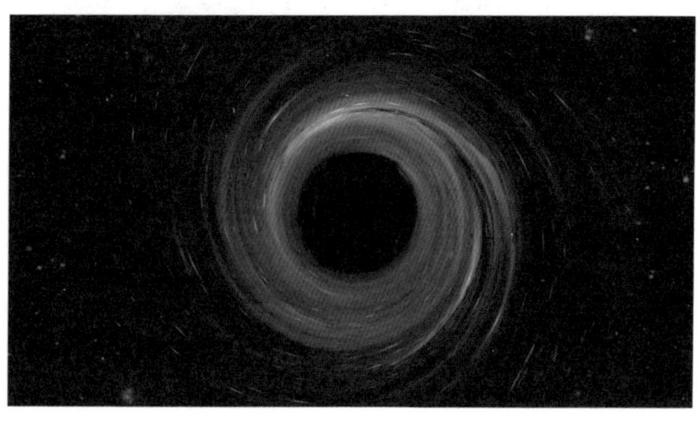

从黑洞旁边看银河中心的景色（设想图）

图片来源：Pixabay/Parallel Vision

7 去往银河系之外

7.1 去往旁边的星系

银河系只是宇宙中无数星系中的一个。虽然银河十分巨大，但放眼宇宙，它只是一个微小的点。银河系附近有一个大麦哲伦星系，它距离地球16万光年；并且它的附近

小麦哲伦星系（左）和大麦哲伦星系（右）

图片来源：ESO/S.Brunler

还有小麦哲伦星系，而小麦哲伦星系距离地球20万光年。如果乘坐1g宇宙飞船往返的话，无论去往哪个星系都需要47年左右的时间。

这两个麦哲伦星系都比银河系小得多，并且不像银河系那样呈圆盘状。由于它们就位于银河系附近，因此我们在南半球就可以用肉眼观察到。

因为我们居住在银河系里面，所以无法从外面观察银河系。如果我们去往麦哲伦星系所在的地方，就能眺望银河系的全景了。银河系的直径为10万光年左右，从距离16万光年以外的大麦哲伦星系来看的话，角度大约在40度，

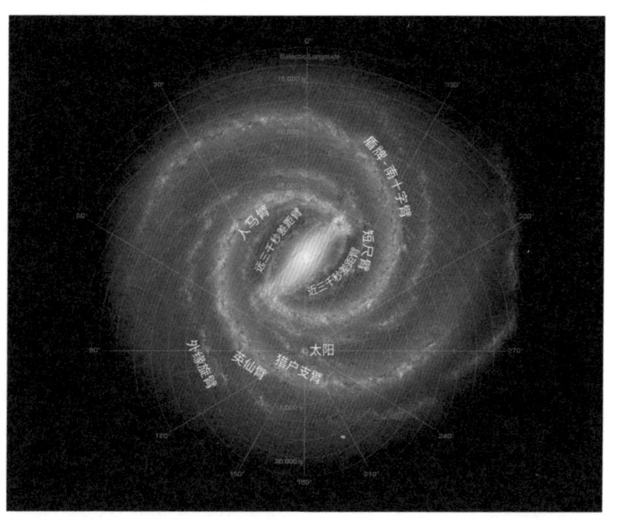

从外部观察银河系（设想图）

图片来源：NASA/Adler/U.Chicago/Wesleyan/JPL-Caltech

可以说是相当壮观的景象了。

比银河系还要大的星系中，离我们最近的是仙女座星系。仙女座星系与银河系一样呈圆盘状，直径是银河系的2至3倍。它位于地球250万光年外的宇宙，如果乘坐1g宇宙飞船的话往返需要57年的时间。今后如果我们可以去仙女座星系，并且旅行结束后还想回到地球的话，最好早点出发。

有一种说法称，仙女座星系将来会和银河系相撞，然

仙女座星系

图片来源：Bill Schoening, Vanessa Harvey/REU program/NOAO/AURA/NSF

观察银河系和仙女座星系相撞的景象（设想图）

图片来源：NASA,ESA,Z.Levay and R.Van der Marel(STScI),T.Hallas，and A.Mellinger

后合二为一，形成一个巨大的星系。但这件事即便发生也是40亿至60亿年后的事情了。如果想知道那时银河系会变成什么样子，就可以利用1g宇宙飞船的浦岛效应。因为在目的地停下来的话会浪费时间，所以要始终保持1g的加速度。那么我们就可以一点点地调整方向，让飞行路线变成绕一大圈。这样的话，用45年左右的时间我们就能回到60亿年后的地球。

但大家应该不会想要回到60亿年后的地球吧。因为那时的太阳会比现在耀眼许多，并且膨胀得很大，地球的环境恐怕已经不再适合人类居住了。60亿年后如果人类能够发现地球以外的宜居星球并搬过去，是最好不过的了。

7.2 M78星云

据说，奥特曼的故乡便是M78星云。《奥特曼》于1966年开始在电视上播出，是一部至今仍在播出的长寿作品。我小时候还是赛文·奥特曼的狂热粉丝。赛文·奥特曼是1967年播出的，那时我虽然已经出生了，但应该还是个小婴儿，所以我应该是看了重播才迷上的。

我的追星回忆就不多说了，在设定上，奥特曼的故乡是M78星云中的光之国，M78星云被设定为距离银河系300万光年。而奥特曼身体巨大，他们所在的星球上的重力一定比地球上的小（至于为何奥特曼可以在地球上敏捷地活动，还是一个谜）。因此，我对奥特曼的故乡的真实面貌十分感兴趣。

虽然在奥特曼的故事中M78星云·光之国是一个虚构的世界，但实际上真的有天体被命名为“M78星云”。它位于猎户座方向，距离地球并非300万光年而是1600光年，并且存在于银河系中。M78星云内并没有恒星或行星，它其实是反射星云，由气体和尘埃等构成，在附近星星的照耀下发出光芒。一旦人们知道这个光之国其实是尘埃构成

M78星云

图片来源：ESO/Igor Chekalin

的，可能梦想一下子就破灭了，所以我们可以选择性忽视这一点。

7.3 M87星云

据说，《奥特曼》最初的脚本中，并没有打算将奥特曼的故乡定在M78星云，而是定在M87星云。但在播出时，脚本上却误写成M78，所以之后将错就错就这么沿用下来了。

而M87星云实际上也是有的。英文字母“M”指的是天文学家查尔斯·梅西耶（Charles Messier）制作的星团星云列表，其中包含了从M1到M110的天体。前面我们提到过的仙女座星系在这张列表中被命名为M31。

查尔斯·梅西耶制作这个列表的目的是为了发现彗星。行星由于是点状的，所以不容易混淆，但扩散开来的天体很容易被误认为是彗星，所以梅西耶制作了这样的星云列表，并于1774年至1784年间发表并完善。当时人们对有些天体并不了解，所以无法区分银河系的星云和其他星系，列表中混杂着不同类型的天体。

而M87星云是银河系之外的另一个星系。它距离地球约6 000万光年。比起“光之国”，M87星云离地球要远得多，但那里有许多星球，说不定奥特曼就住在其中一颗星球上。乘坐1g宇宙飞船去往M87星云，往返需要约70年时间。

M87星云属于室女座超星系团。所谓星系团指的是由数百个乃至数千个星系密集组成的星系群。室女座超星系团包含1300多个星系，是距离银河最近的星系团。

M87星云位于室女座超星系团中心区域，是其中格外大的一个星系。由于它形状呈椭圆形，因此也属于椭圆星系的类别。像这种位于星系团中心区域的大型椭圆星系，被认为是由大大小小多个星系合体构成的。

研究者认为，与银河一样，巨大的椭圆星系M87的中

室女座超星系团中心区域。M87星系是其中格外大的一个星系

图片来源：Chris Mihos(Case Western Reserve University)/ESO

心区域有一个超大质量黑洞。证据就是M87的中心区域有强烈的电波被放射出来。

这个超大质量黑洞的质量约为太阳的70亿倍，可以说非常惊人了。前面的内容中我们提到过，位于银河系中心的人马座A*质量是太阳的约400万倍，与之相比M87还要再重将近2 000倍。这个黑洞的半径为200亿千米以上，它巨大到可以容纳整个太阳系。

M87的中心区域放射出强烈的电波意味着，和银河系的人马座A*不一样，它的周围存在大量物质。气体和尘埃

M87星系中心区域和被放射出来的光束状物质

图片来源：NASA and the Hubble Heritage Team(STScI/AURA)

状的物质在黑洞周围旋转并落入其中，在这个过程中会释放出强烈的辐射，这些物质会以接近光速的速度朝着回转轴的方向释放电波。

这种特征在银河系这样普通的星系中是见不到的，表明这个星系具有非常活跃的活动性。这类星系被称为“活动星系”。

7.4 呈现出各种形状的星系

我们周围有许多形状各异的星系。既有银河系、仙女座星系这样有旋涡的圆盘状星系，也有像M87星系那样没有圆盘，而是呈椭圆形的星系。由此可见，星系的形状各式各样，每一个都有自己的个性。

为什么星系会形成各式各样的形状，这是一个非常有意思的问题。宇宙在形成之初，各种物质聚集在一起，形成了星系的雏形；聚集后的物质又形成了星体，并形成了小型的星系。目前比较大的星系一般都是由小星系合并而成的。最初星系形成的环境、相互合体的过程等各种因素凑在一起，导致了现在星系的形状呈现多样性。就像人的生长环境不同造就了每个人都有不同的个性一样，每个星系也都有自己的个性。

星系种类大致可以分为三大类：像银河、仙女座星系那样呈圆盘状的旋涡星系，像M87星系那样呈椭圆形的椭

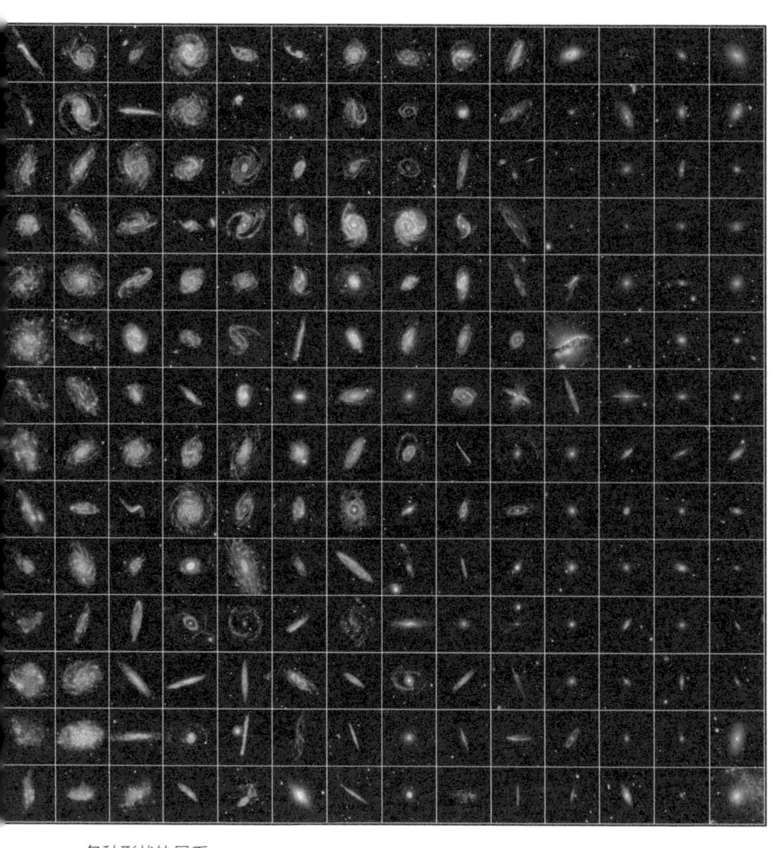

各种形状的星系

图片来源：NASA/JPL-Caltech

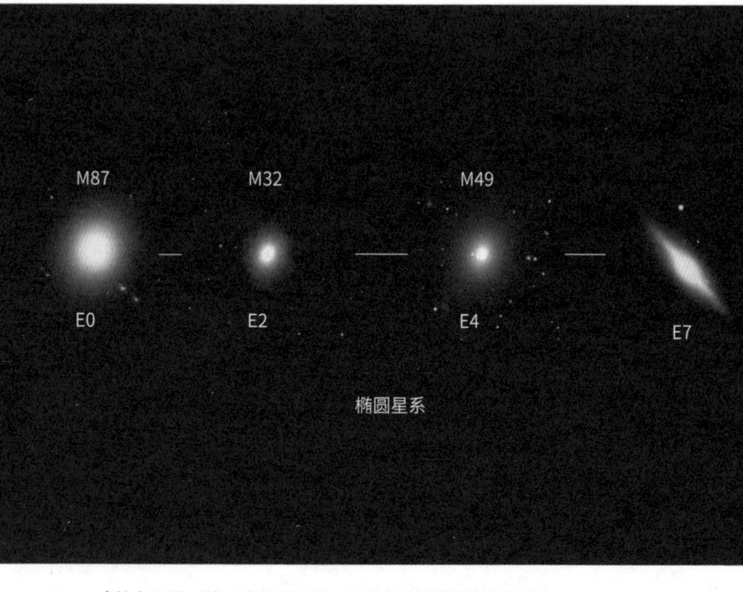

哈勃音叉图。除了这些星系外，还有很多不规则形状的星系

圆星系，以及像麦哲伦星系那样外形不属于典型形状的不规则星系。旋涡星系又可以根据旋涡的形状细分为几大类，而椭圆星系也可以根据其扁圆的程度再分为几类。爱德文·哈勃用“音叉图”来表示这些。

今后或许我们可以乘坐1g宇宙飞船去往室女座超星系团，环游各个星系。不过需要注意的是，去往一个目的地的单程时间就需要35年左右，再去其他地方的话又要花费几十年的时间，所以如果计划去好几个地方，可能最后就回不了地球了。最终可能只能选择移居到其他星系了。

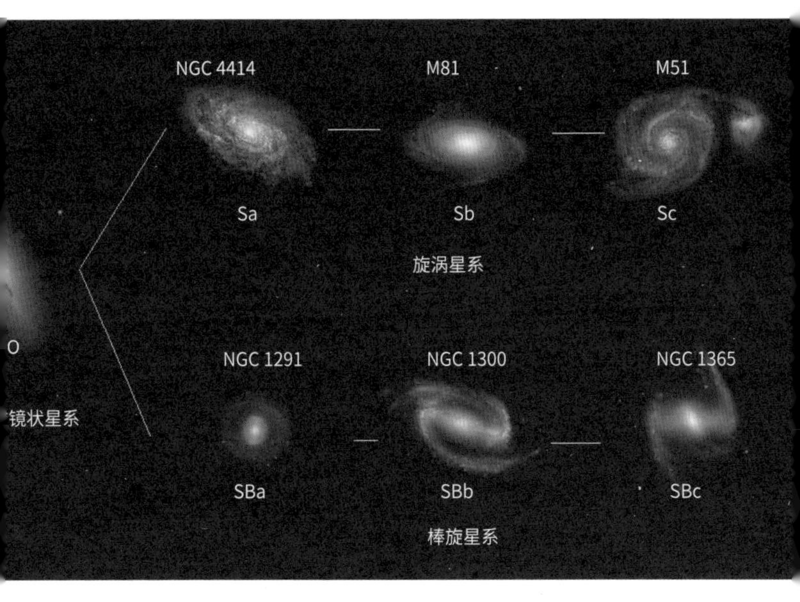

图片来源：CC BY-SA 3.0 Fernando de Gorocica

7.5 室女座超星系团和巨引源

说到比星系团还要庞大的构造，就数超星系团了。超星系团由多个星系团和星系群聚集而成。银河系和附近的麦哲伦星系、仙女座星系等组成了一个名为“本星系群”的集团。星系群是由数十个星系组成的集合。

本星系群附近还有好几个星系群，并与室女座星系团一起组成了“室女座超星系团”这个庞大的超星系团（虽然室女座星系团和室女座超星系团看起来名字十分相似，但有区别）。室女座超星系团的直径达到了1亿光年左右。

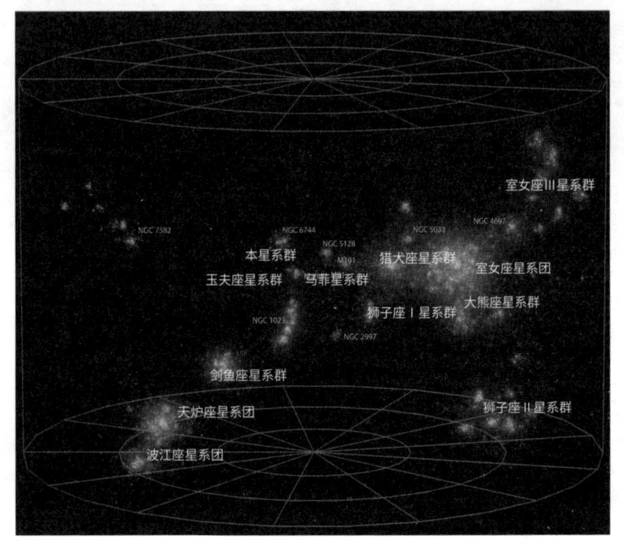

室女座超星系团

此外，从地球上看，在被银河系遮挡、不太容易看见的地方，有一个被称为“巨引源（The Great Attractor）”的天体。由于位于它四周的星系会被重力牵引，因此推断巨引源内应该是存在某个质量很大的东西。因为位置隐蔽，所以目前尚不清楚这个神秘物体究竟是什么，应该是位于矩尺座星系团的中心区域。巨引源距离地球约2.2亿万光年，乘坐1g宇宙飞船往返需要75年左右。

有人提出，以巨引源为中心，将包括银河系在内的室

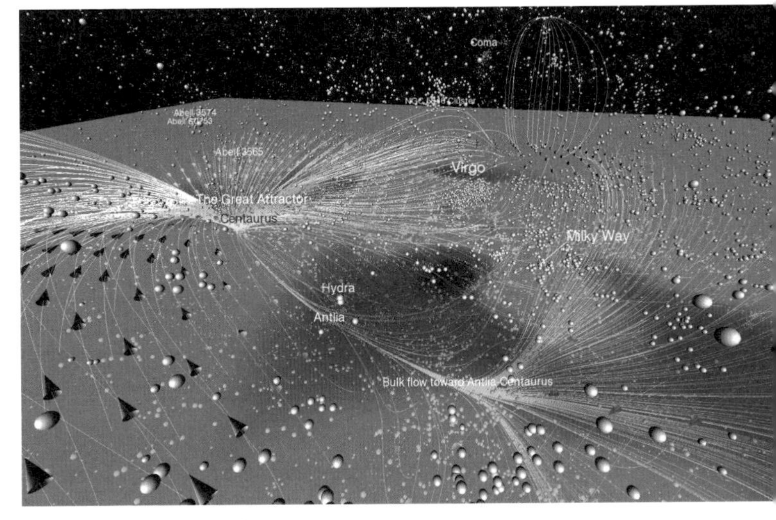

巨引源周围的星系运动

图片来源：H.M.Courtois et al.ApJ,146:69(2013)

女座超星系团、附近的长蛇-半人马座超星系团等几个超星系团称为“拉尼亚凯亚超星系团（Laniakea Supercluster）”。这个由十万个左右的星系组成的集合，其直径将达到5.2亿光年。倘若这个名称最终被确定下来，那么室女座超星系团将称为拉尼亚凯亚超星系团下属的一部分。

以从属关系来看，拉尼亚凯亚超星系团是我们所在的银河系所从属的最大范围的星系团。在可观测的宇宙范围内，人们还找到了许多其他的超星系团。因此，如果我们要在宇宙中写出自己的住址应为：“拉尼亚凯亚超星系团　本星系群　银河系　太阳系　地球X国（具体住址）”。

我们的地址是:

拉尼亚凯亚超星系团　本星系群　银河系　太阳系　地球……

7.6 宇宙大尺度结构

粗略划分的话，星系团一般都是球状或椭圆状，总的来说是一种比较聚合的天体。但超星系团就不一样了，它的形状往往不太整齐，可能是细长的，也有可能是扁平的。这是因为超星系团还是被称为“宇宙大尺度结构”这个更大、更复杂的宇宙结构的一部分。

下面这张图是经过精心确认多数星系的位置后制作而成的示意图。这张图展示了以银河系为中心、半径约20亿光年的范围，一个点对应了一个星系的位置。各位读者看到的图中的黑色部分是目前人类还没有观测到的区域，而这些地方被认为同样分布着星系。

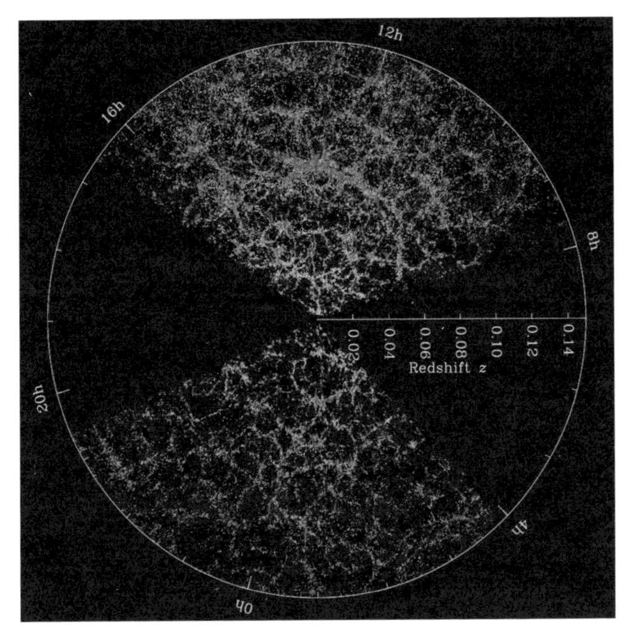

根据观测项目“斯隆数字巡天”得到的星系空间分布图

图片来源：M.Blanton and SDSS

在这张图上，星系密集的区域对应着超星系团。超星系团之间并非孤立状态，而是以薄片状或丝状的结构相连。其中几乎没有星系的区域被称为“巨洞”。星系并非均匀地分散于宇宙。从这张图片我们可以知道整体的星系分布构造，这便是“宇宙大尺度结构”。

如果我们将关注点放在不太能看到星系的巨洞区域，就会发现巨洞好像是被许多星系包围着一般。因此宇宙大尺度结构的这个特征也被称为“宇宙气泡结构”。

之所以会形成宇宙大尺度结构，是因为宇宙形成之初出现的微弱波动变大了。在重力的作用下，宇宙初期的微弱波动渐渐升级为剧烈波动。物质会向着原本就密集的部分聚集，密度的对比度越来越大。

宇宙大尺度结构可以通过电脑模拟制作出来。下图便是电脑模拟的现在的宇宙的样子，从图中我们可以看出位于某个巨大星系团四周的大尺度结构的一部分。这张图为

电脑模拟制作的宇宙大尺度结构的再现。左侧为物质的空间分布，右侧为气体的空间分布

图片来源：Illustris Collaboration

大家展示的是物质的空间分布和气体的空间分布，而星系就在这些物质聚集的地方。

7.7 可观测的宇宙的尽头

利用光能看到的宇宙其实是有限的。自宇宙形成到约38万年前，光被其他物质阻挡而无法直线前进。当光可以直线前进后，那时充满宇宙的光才“奋勇直前”来到我们身边。这是我们能利用光观测到的最古老的宇宙。可以说

宇宙微波背景辐射的温度示意图

图片来源：ESA and the Planck collaboration,D.P.George

这也是我们能观测到的宇宙的最大范围。这种光因宇宙的膨胀导致波长随着时间的推移而增加，到被我们观测到时正好处于微波波段，因此也被称作“宇宙微波背景辐射”。

上图为宇宙微波背景辐射的温度示意图。球体的中心是我们所处的位置，而这个球的半径约为460亿光年。在球表面能看到的颜色，是处于中心的我们观测到的电波的微弱温度差。这个温度差告诉我们宇宙形成后38万年左右的样子。这时的宇宙会有波动，而这些波动是现在的宇宙大尺度结构和星系、星体等所有天体形成的基础。

别说1g宇宙飞船了，无论我们使用怎样的手段，只要速度不超过光速，我们就永远无法到达这道光出现的460亿光年以外的地方。因为现在宇宙还在快速地膨胀，即便我

即便去到460亿光年外的太空，看到的也是相同的景色

们可以以光速笔直前进，我们也无法到达比现在能看到的160亿光年更远的地方了。

如果无论如何也想去比160亿光年更远的地方，就必须有一个像虫洞那样可以让我们“抄近道”的通道。不过，即便我们到了目前还观测不到的太空，景色也与现在能观察到的太空差不了多少。因为更远的太空应该就是我们周围的空间不断延伸出去的。

8 宇宙究竟有多宽广

8.1 海的那边是什么

人类往往以为自己所知道的世界就是世界的全部，并且还会认为不存在超出自己认知的事物。

比如，以前的人不知道地球是圆的，那他们认为海的那边是什么呢？最常见的答案是：大海一直延伸，到了边

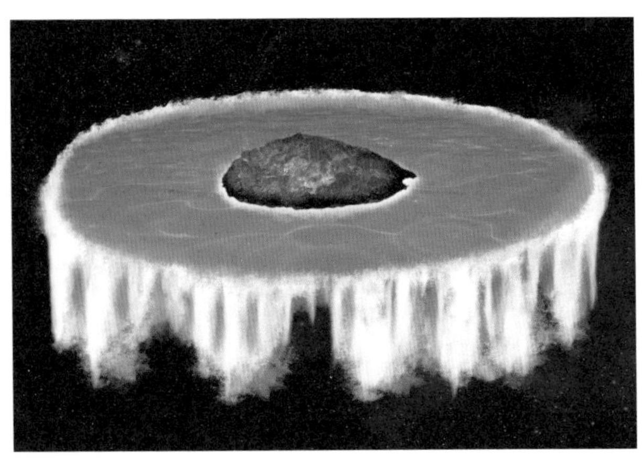

这或许是以前的人想象出来的宇宙的样子

际海水就会像瀑布一样落下去。

由此可见，做出这类回答的人并不认为大海没有尽头，只是他们认为不需要考虑大海的尽头还有什么。如果大海的那边有一个未知的世界，这会令他们感到极其不安。

这种不安来自可能某一天灾难就会从海的那一边降临。如果坚信海的那一边什么也没有，就能放心地生活了。

现代人思考“宇宙的尽头有什么”这个问题，跟以前的人思考“海的那头有什么”的问题基本上是一样的。我们只不过比以前的人看待宇宙的视野更开阔了，想的问题范围更大了而已。

8.2 人总是以自己所在的位置为中心进行思考

人有一种思考倾向，认为自己居住的地方就是宇宙的中心。现在我们已经知道海的尽头并不是瀑布，如果一直往前走，在大海的尽头会看到另一片陆地。当我们知道大海都是相连的这个事实后，就会认为世界就是我们生存的这个地球，于是，开始认为地球是宇宙的中心。我们能在天空中看到的所有天体都是以地球为中心运行的，这便是“地心说”。

随后在欧洲，哥白尼的“地动说”推翻了地心说，证实了地球绕着太阳运行才是正确的。于是，人们又以为太阳才是宇宙的中心。因此，地动说也被称为日心说。

展示地心说的模型图

展示日心说的图

尼古拉·哥白尼（肖像画）

乔尔丹诺 · 布鲁诺（铜像）

爱德文 · 哈勃

日心说认为，太阳是不动的，行星都绕着太阳运行。而其他的行星往往被认为是粘在遥远的球面上的。但意大利哲学家乔尔丹诺·布鲁诺却反对这种说法，他认为行星绕着恒星运行不局限于太阳系，整个宇宙都是以这种方式构造的。但遗憾的是，当时主张地心说的天主教将其视为异端，并用火刑处死了布鲁诺。

当人类的技术能够测量出地球与恒星的距离后，就明白了太阳只不过是银河系无数星星中的一颗而已。只不过那时人们仍然认为太阳是银河系的中心。但随着观测技术的发展，人们发现事实并非如此。太阳其实偏离了银河系的中心，于是，又出现了认为银河系是宇宙中心的说法。

之后，美国天文学家爱德文·哈勃发现，之前被认为是星云的几个天体与银河系是不同的星系。这就说明银河系也并非宇宙的中心。

这样一来，宇宙中就没有一个位置可以称得上中心了。

8.3 宇宙到底在哪里

现在我们知道了宇宙中并没有一个地方能被称为宇宙的中心，那我们居住的这个宇宙到底在一个什么样的地方呢？我们周围的宇宙空间广阔无垠，在超出观测范围的地方到底有什么，现在还不得而知。

说不定宇宙的尽头是一堵墙壁一般的东西。不过这样想的话，就跟古代人的想法没什么区别，古代人因为不知道海的另一边是什么而认为海的尽头是瀑布。

也许就跟乘坐飞机在地球表面一直向前飞行一样，我们总会回到出发的地方。有可能宇宙的尽头有一堵墙，墙的另一面又是另外的世界了。从理论上来说，我们可以猜测各种各样的可能性，但如果不真正地一探究竟，仅靠想象恐怕很难知道真相。

但是，如果我们仅仅思考“宇宙的尽头是什么”这个问题的话，视野还是有些狭窄。这就跟仅考虑地球表面、猜想地球的尽头有什么一样。地球的表面是一个二维的平面。地球有上和下两个方向的另一个维度，所以就存在地

我们居住的宇宙究竟在哪里

下世界和天上世界。

宇宙的情况也是一样，当我们想象宇宙的尽头有什么时，我们只是在想象我们居住的空间有多广阔而已。说不定还存在我们没有发现的维度，甚至是其他的宇宙。

如果离开地球的二维世界，站在三维空间的角度考虑的话，那么天上世界就有无数的恒星和无数的行星。我们如果只站在地球的角度上思考，就不会注意到这样一个世界了。

同理，如果我们只考虑宇宙这个三维空间的尽头有什么，我们的视野就被局限住。因为人类又会陷入那个思考倾向：认为自己居住的宇宙是世界的全部。会不会存在着与我们居住的三维空间不同的另一个维度或另一个宇宙呢？或许存在人类根本无法想象的宇宙的样貌。

但现在，还没有迹象表明存在超出我们可以观测到的宇宙之外的其他维度或者其他宇宙，所以这些都只是理论上的推测。

8.4 如果宇宙无限大

我们这个宇宙究竟有多大呢？目前人类可观测的宇宙半径为460亿光年。但如果说460亿光年以外就不是宇宙了，这也说不通。但它究竟有多大呢？

我们的周围有天体、星系、星系团、超星系团，每一个都有丰富的种类。如果以比超星系团还要大的角度来看，宇宙中还存在十分相似的大尺度结构。也就是说，放眼整个宇宙，各个区域看起来都差不多。

如果顺着这个思路思考，可能在我们目前能观测到的半径为460亿光年的宇宙之外，还存在一个差不多的宇宙。我们甚至可以猜测或许宇宙就是无限大的。那如果类似的宇宙有无限个的话又会怎样呢？

8.5 “无限”比任何数字都要庞大

嘴上说“无限”很容易，但这个概念其实大到难以想象。因为无限和单纯的“非常大”“特别大”还不一样。无论说出多么大的数字，这个数字在无限面前都等同于零。

各位读者知道的最大数字是多少呢？我们日常生活中

表示无限的符号“∞”

最多也就能听到100兆这样的数字吧。因为日本的国家预算是100兆日元。1兆的1万倍是1京。之后每增加1万倍，依次是1垓、1秭、1穰、1沟、1涧、1正、1载、1极、1恒河沙、1阿僧祇、1那由他、1不可思议、1无量大数。1无量大数的1后面有68个0，也就是说1无量大数是100 000 000 000 000 000 000 000 000 000 000 000 000 000 000 000 000 000 000 000 000 000 000。1个星系中包含的原子数量大概就是这么多。

可能有些读者听过这些表示巨大数字的词吧。江户时期出版的书籍中有一本名叫《尘劫记》的书。里面就记载了1无量大数等这些生活中绝对用不到的数字，这些数字的记录也令人感到不可思议。但即便是如此大的数字，跟无限比起来依然相当于零。

顺便一提，佛教的《法华经》中还记载了更大的数字。《法华经》中大数字的记载与每1万倍就算一个量级的计算方式不同。《法华经》中将每1 000万称为1俱胝，而1俱胝乘以1俱胝，也就是1俱胝的平方称为1阿庾多，而1阿庾多的平方则称为1那由他（这里的那由他与上面《尘劫记》中的那由他是不同的）。

继续将数字算平方的话将依次得到频婆罗、矜羯罗、阿伽罗、最胜、摩婆罗、阿婆罗、多婆罗等，这些高深的名字还有很多。在《法华经》中总共记载了123个这样表示数字的词汇。每一个都是上一个的平方，所以数字已经庞大到难以想象。

而最后一个数字词是“不可说不可说转”。1不可说不可说转的1后面的0有37 218 383 881 977 644 306 597 687 849 648 128个。需要用这个数字表示的物体恐怕在可观测的宇宙范围内是不存在的。因为就连可观测的宇宙中原子的总数量也不过是1后面有80个0罢了。

不过，1不可说不可说转跟无限比起来还是相当于零。即便我们再将1不可说不可说转乘以1不可说不可说转，这个结果无论多么巨大，跟无限比起来还是相当于零。所谓无限，也就是说比我们能想到的无论多大的数字都要大。总之，无限这个概念就意味着这个数字我们想都想不到。更严谨地来说，其实无限不是数字。因为无限根本无法用数字来表示，它与我们平常使用的数字有着本质上的区别。

8.6 在无限广阔的宇宙中有什么

因此，我们在考虑无限广阔的宇宙时就要想到无限的概念。这意味着宇宙不仅仅是不同寻常地大，还是语言根本无法形容的广阔。连1不可说不可说转都相当于零的程度的广阔。在这样无限广阔的宇宙中什么都有可能发生。如果宇宙真的无限大的话，那肯定在什么地方有一个跟地球环境相似的天体。虽然这个天体可能离地球非常远，但在无限大的宇宙空间内，多远的距离都是可能的。

而这样无限广阔的宇宙中，既存在和我们现在居住的地球完全一样的天体，也存在稍微不一样的天体。那里可

可观测的宇宙有许多

根据Max Tegmark,Scientific American April14 2003的图制作而成

能生活着和我们完全一样的人类，也有可能生活着和我们稍微不一样的生命。

不仅是和地球的环境相似，甚至有可能有一个地方与我们目前能观测到的半径为460亿光年的宇宙完全一样。而且这样的宇宙可能不止一两个，而是有无限个。和我们这个宇宙完全一样的宇宙究竟离我们有多远呢?

据美国物理学家迈克斯·泰格马克的估算，平行宇宙到我们的距离如果以米来表示的话，可能等于1后面的0有10的118次方个。这个数字比1不可说不可说转还要大得多，也就是说，差不多相当于1的后面的0的个数有1不可说不可说转的3次方个。换句话说，如果宇宙无限广阔的话，虽然这个距离已经远到令人瞠目结舌，但从整体来看还是相当于零。

这样看来，如果宇宙真的无限广阔的话，就会发生一些诡异的事情。比如，如果有无限个可观测到的宇宙，那我们能区分那些宇宙吗？如果平行宇宙上发生的事情与我们这里完全同步，那我们是不是可以说两个宇宙的现实是重叠的呢?

此外，不仅有无限个完全一样的宇宙，还有无限个稍有不同的宇宙。也就是说，还存在无数个和各位读者完全一样的人，并且还有无数个和各位读者稍有不同的人。也可能有无限个长得完全一样但有不同命运的人。如果宇宙真的是无限广阔的，就会得出这样奇妙的结论。

8.7 宇宙中存在多重现实的可能性

即便不考虑宇宙是否无限广阔的问题，我们早在很久以前就遇到过宇宙存在多重现实的可能性。假设真的有虫洞等形式的可供人类穿越回过去的方法，根据量子力学的多世界诠释，如果一个人从现在回到了过去，并打算改变现在的话，这个人就会身处另一个“现在”，即另一个现实之中。

这时，同一个宇宙中就共存着无数个平行世界。这些平行世界共享着同样的时间和空间，却不知道彼此的存在。

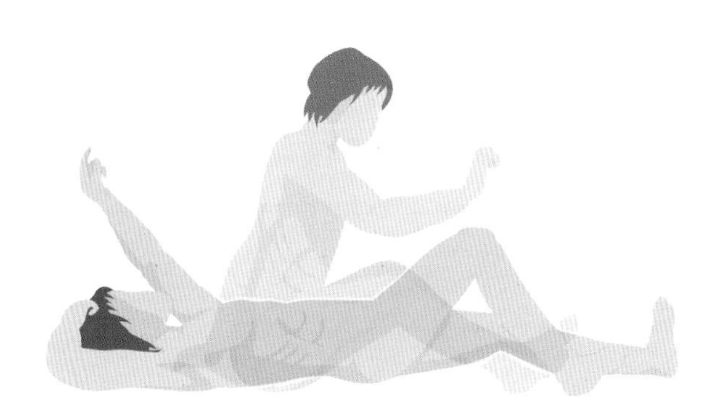

即便两个世界重叠，但因为二者间没有关联，所以互相之间也不会注意到彼此

共享同一个时空却不知道彼此的存在这件事其实并不稀奇。我们日常生活中并不会出现两个物体共享同一时间和空间的问题，因为两个物体之间会产生相互作用。即便想将两个物体放在同一个位置，也会因为它们会互相碰撞

而不能成功。这是因为物体由原子构成，互相之间有电子的作用。

那些我们感受不到电的力量的物体，很容易穿过其他物体。不过因为我们所知道的物体都是由原子构成的，所以我们感受不到这种状态。但这个世界上还存在一种叫作中微子的粒子，它的身上就不带电。

事实上，世界上到处都是中微子。现在各位读者眼前就有无数中微子飞过。每一个方糖大小的体积内存在300个以上的中微子。而每秒都会有数千兆个中微子通过我们的身体。

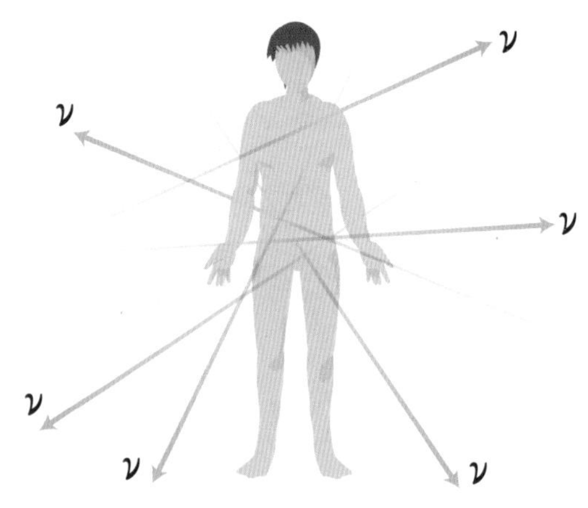

有无数的中微子（ν）穿过人的身体，但人却察觉不到

尽管如此，我们却感觉不到中微子，这是因为它不带电，能够在不知不觉中就穿过我们的身体。这就跟有这么

多的粒子和我们的身体共享同一时间和空间而我们却什么也感受不到，是一个道理。

中微子虽然不带电，但参与了非常微弱的相互作用。因此，人类通过特殊的实验才发现了中微子的存在。

但是，包括电力和中微子微弱的作用力在内，如果所有的力我们都感受不到，那么无论这个地方有什么，人类都是无法感知的。因此，即便存在多重世界，如果我们完全感知不到的话，也就发现不了它。

8.8 量子力学展示的多重宇宙

虽然多个现实可以在不知道彼此的情况下独立共存，但不知道彼此的存在其实就跟不存在差不多。但是，相当于不存在和真的不存在其实是两回事。

比如，在乔尔丹诺·布鲁诺的时代，宇宙中存在无数个类似太阳系的天体系统，但由于那个时代技术不发达，没有办法证实这件事，所以对当时的人们来说，它们就跟不存在一样。但现在，由于天文望远镜等观测技术和设备迅猛发展，我们才能知道原来宇宙中充满了太阳系这类天体系统。

即便真的存在多重现实的可能性，我们现在的技术也无法确认这件事。如果没办法确认，可能思考这件事就没有意义，但现在的技术不可能并不意味着今后也不可能。

为了根据量子力学的多世界诠释验证多重宇宙这件事，能够穿越回过去的时光机便派上用场了。在这种情况下，没有必要把人送到过去，只要将对应波钦斯基悖论实验的基本粒子大小的东西送到过去就足够了。

在这个实验中，我们可以制作一个微小的虫洞，然后让基本粒子从中通过，并反复撞向自己。根据量子力学的概率解释，这个实验可能会出现很多结果，但只要进入虫洞的基本粒子没有从虫洞的“过去出口”出来，就意味着那个基本粒子到了别的世界。此外，即便有基本粒子从“过去出口”出来了，但如果并没有基本粒子从“现在入口”进入的话，就意味着出来的这个基本粒子来自其他世界。

如果存在多个平行世界，但多个平行世界互相之间却并不知道彼此的存在，那我们现在看到的这个世界其实只是真实世界的一部分而已。虽然这话听起来有些奇怪，但只要想到上文我们提到过的“人很容易以自己为中心思考”这个倾向，就会觉得这也说得通了。

量子力学的多世界诠释确实是一件无比奇妙的事。在布鲁诺的那个时代，如果有人主张宇宙中存在无数个太阳系这样的天体系统，其他人也会觉得这个想法很荒谬吧。认为我们居住的宇宙是独一无二的，这个想法可以说是人类总以自我为中心看世界的思考倾向的延伸。

“究竟是否存在平行世界”这件事我们没有确定就无法给出结论，但至少我们心里要明白，我们生活的这个世界是唯一的这个前提并不一定正确。

8.9 宇宙正在膨胀

不知道各位读者有没有思考过这个问题：宇宙为什么会这么广阔？事实上，宇宙至今仍在膨胀，仍在不断变得更大。如果大家并不熟悉宇宙膨胀这个概念，就很难理解这个问题。对于各位读者来说，宇宙膨胀这件事本身可能是一个问题宝库。

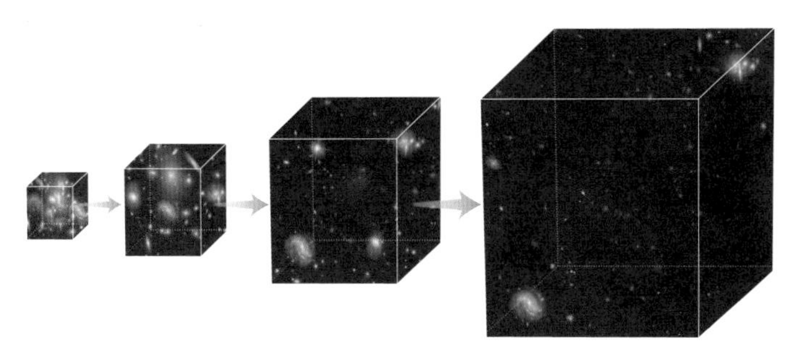

宇宙膨胀的一般印象

一般来说，人们听到宇宙正在膨胀可能会联想到一个箱子似的空间，想到它不断变大的样子。但这个印象会导致很多问题出现。

首先会想到的一个问题是，这个箱子似的宇宙向外不断膨胀，但它的外面并不是什么都没有。这个箱子的感觉就好像是切割出了宇宙的一部分，而其余部分依然存在。

在宇宙膨胀前，宇宙之外并没有其他东西。事实上宇宙的膨胀意味着空间自身在向四面八方延展。

如今宇宙的膨胀率并没有那么高，差不多是每1亿年膨胀不过1%多一点而已。由于这个膨胀，遥远的星系看起来在不断地离我们远去。

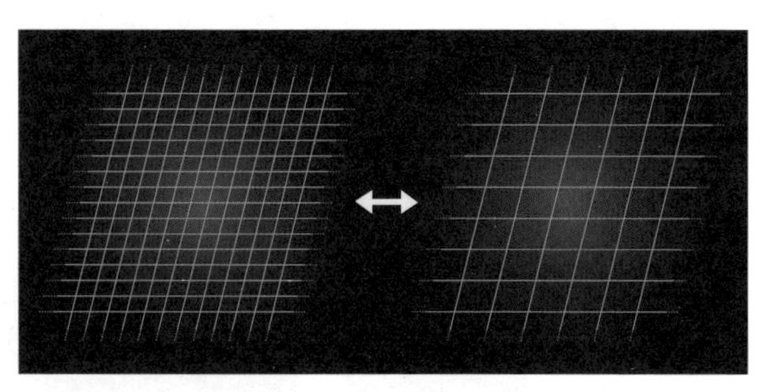

无限的空间无论怎么缩小或扩大，无限就是无限

由于宇宙在不断膨胀，因此过去的宇宙相对来说更小一些。这里“相对”的意思是，在现在的宇宙中将特定范围的体积切割出来考虑时，这个体积跟过去的宇宙的大小差不多。如果宇宙整体的体积是无限的话，那么无论怎么将宇宙切小都改变不了“它是无限的”这个事实。所以对于宇宙的膨胀，我们要从相对概念去考虑。

8.10 为何无论在哪里都是相似的构造

虽然现在宇宙仍在不断膨胀，但仍无法很好地解释“为什么宇宙这么大”这个问题。特别是宇宙并没有哪个地方能被称为中心，而且放眼整个宇宙，会发现到处都是类似宇宙大尺度结构的构造。这个现象也被称为“宇宙宏观一致性”。

目前我们可观测到的宇宙都是差不多的构造。也就是说，即便我们观测的是横跨半径460亿光年的宇宙的两个相反方向的边界，它们也是相似的。这本身就是一件不可思议的事情，两个离得那么远的地方能够保持一样的状态，说明它们在过去“共享”过信息或进行过“交流”。毕竟如果互相之间完全不知道彼此的状态，那么现在就不可能呈现一致的状态。

如果我们现在观测到的宇宙的缓慢膨胀是从宇宙形成之初便持续至今的话，那么相隔460亿光年的两个地方其实才第一次“互通有无”。尽管如此，在我们看来，两个相反方向的460亿光年外，也就是加起来相隔920亿光年的地方，还能够保持一致的状态，这实在是太神奇了。

8.11 宇宙膨胀说

解决这个问题的想法之一便是宇宙膨胀说（Cosmic Inflation）。Inflation这个词表示急速膨胀。这个理论认为宇宙在形成之初，空间比现在要小得多，并发生了急速膨胀。虽然目前关于宇宙为何会急速膨胀有诸多说法，尚无定论，但这个理论却成为解释宇宙宏观一致性的最有力说法。

如果宇宙在形成之初发生了急速膨胀，我们就能理解为何现在的宇宙即便如此广阔却在各个地方都充满一致性了。一言以蔽之，微小的宇宙以令人难以置信的速度膨胀，导致整个宇宙被拉大了。这个膨胀的速度非同寻常。以人类的感受来说，几乎等于0.1的33次方秒内，宇宙的大小延长了10的43次方倍 。以现在每1亿年延长不到1%的膨胀率来看，当初的急速膨胀可谓相当夸张了。

如果这个理论正确，说明宇宙很有可能在相当早期的阶段就发生了急速的膨胀。从宏观角度来看，宇宙膨胀说解释了为什么宇宙具有一致性，而从宇宙整体来看，也暗示着我们，宇宙膨胀可能在任何地方都不一样。

8.12 宇宙膨胀说与多重宇宙

在详细研究宇宙膨胀说的过程中，量子力学的原理起到了重要作用。根据量子力学的原理，无法让宇宙的所有的地方都膨胀得完全一样。根据位置的不同，急速膨胀的程度也会出现差异，而这个差异也导致了现在的宇宙的大尺度结构、星系和各类天体的产生，因此这也可以说是宇宙膨胀说的一个优点。

但如果我们将观察的视角放大到超出我们现在可观测的宇宙范围，就会发现，虽然我们现在所处的地方急速膨胀已几近结束，但在相隔甚远的其他地方还在发生着急速膨胀。如果急速膨胀在我们周围的宇宙已经停止了，而在更远处的宇宙继续进行着，那么急速膨胀的宇宙就会渐渐地和我们的宇宙分离开来，成为事实上的另一个宇宙。

这样一来就会导致其他地方出现无数个平行宇宙。这也是宇宙膨胀说会带来的多重宇宙的可能性。已经结束膨胀的区域有无数个，而仍然在膨胀的区域也有无数个。

此外，这个多重宇宙的生成，不仅是量子力学的作用，还来自于我们无法观测到的宇宙，从量子力学的多世界诠释的意义上来看，这些宇宙有可能会重合。也就是说，从地点来看，离我们很远的地方有另外的宇宙，并且根据量子力学的多世界诠释来看也有另外的宇宙，即双重意义下可能存在多重宇宙。其他宇宙的数量多到不计其数。

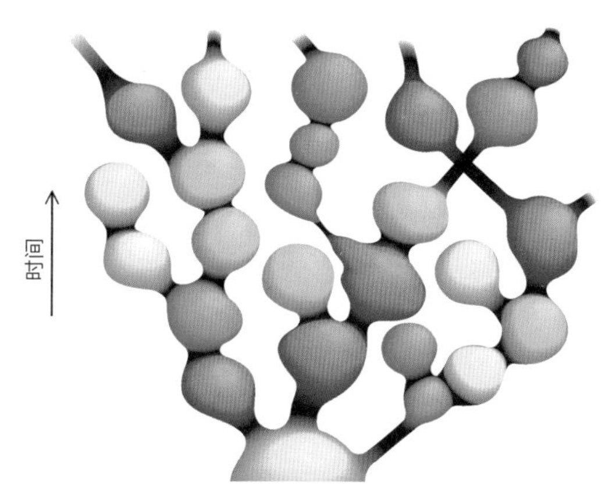

根据宇宙膨胀理论得出的多重宇宙示意图

图片来源：Andrei Linde

第3章

读到这里的读者可能会开始觉得“宇宙只有一个”这个想法渐渐奇怪起来。或许我们的宇宙只不过是很多个或者无限个宇宙中的一个而已。归根结底，我们所处的宇宙本身就大到难以想象，更何况还有无数个同样大到难以想象的其他宇宙……

因为宇宙之大实在难以想象，所以绕了一圈回来，还是想要以自我为中心看世界。这是因为人们很容易觉得思考根本观测不到的宇宙似乎并没有什么意义。

9 穿越时空后有什么

9.1 人择原理

正如尼古拉·哥白尼的观点，人类所处的地方并非宇宙的中心。并且，宇宙中也没有可以称得上“中心”的地点。因此，宇宙的每一个地方都很平均，并无特别之处，也不存在任何方向。这个原理被称为“宇宙各向同性”。一般来说，在宇宙论的研究中都会将宇宙各向同性作为许多考察的基准原理，因此人们也将其称为“宇宙原理”。宇宙原理能够很好地解释宇宙观测的事实。

人类不处于宇宙的中心是否就说明人类在宇宙中是一个无足轻重的存在呢？确实，人类在浩瀚的宇宙中是非常渺小的存在。但是，人类却拥有能够理解宇宙的了不起的能力。

那么，人类对于宇宙来说究竟是什么样的存在呢？是不是无论人类存在与否，宇宙都依然存在呢？又或者人类的存在对于宇宙来说才是最根本的东西？

针对这些问题，我们可以用“人择原理”来思考，这个原理其实是将人置于宇宙中心的一种思考方式。当然，因为宇宙原理不可违背，所以人类所处的地点在宇宙中并非中心。人择原理指的并不是位置上的中心，其核心思想是人类的存在对于宇宙来说起到了根本作用。

提出“人择原理”这个词的人是物理学家布兰登·卡特。他在纪念哥白尼500周年诞辰的会议上首次提出了这个原理。在那之后，对于人择原理的评价始终褒贬不一。

人择原理认为宇宙中应该存在像人类这样具有智慧的生命体。如果没有人类，宇宙就不会被人类观测，被观测的宇宙中肯定也就不会出现人类。也就是说，被观测的宇宙必须具备“人类存在”这个前提条件。

这句话的逻辑很简单，而我们要做的是将其作为原理来思考宇宙。原理是考察许多事物的基础，而这个原理为何能成立就先不管了。总之，人存在于这个宇宙，以此事实为基础才能理解这个宇宙的性质，这就是人择原理的思想。

9.2 生命所需的碳和氧存在于宇宙的原因

越研究宇宙的性质越会发现，不知为何宇宙的结构恰好适合人类等生命的生存。比如，构成生命的基因和蛋白质等在发挥作用的过程中，具有一定复杂结构的原子的性质起着至关重要的作用。

如果没有碳和氧，生命就无法生存。但如果是和我们现实的宇宙稍有不同的宇宙的话，就只能产生氢和氦这种结构简单的原子，而碳和氧则几乎不存在。

宇宙由大爆炸开始，最初只构成了氢与氦这样的结构单纯的原子。更复杂的原子则是在星体中以氢和氦为原料形成的。

天文学家弗雷德·霍伊尔发现，在星体中3个氦原子核可以形成碳核，但这个形成过程所需的条件十分严格。表示碳原子物理性质的数值（即“能级”）在形成碳原子时要保持在刚刚好的数值上。

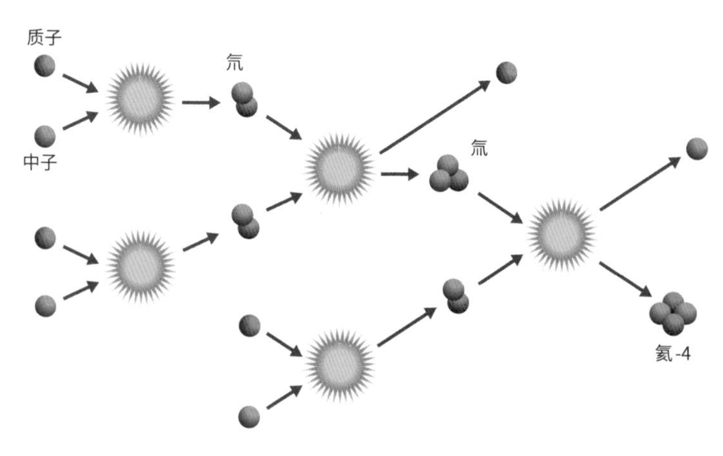

宇宙大爆炸时氢和氦合成的经典路径示例

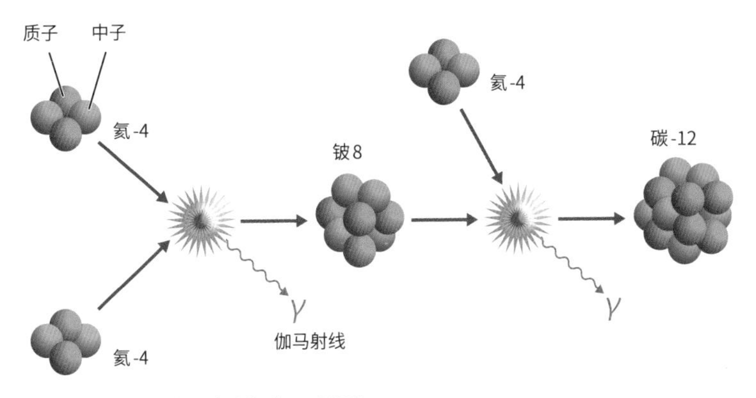

在星体中由氦形成碳的“三 α 过程”

如果数值有一点偏差，宇宙中就无法形成碳原子。并且，一旦碳原子没有形成，也就无法形成氧等更重的元素。碳原子的能级正好处于那个数值的原因目前尚无法给出答案。在物理法则中，理论上存在一个无论是哪个数值都可以的常数，而这个常数决定了碳的能级。也就是说，其实这个数值是多少根本无所谓，但实际的数值却正好被微调，恰好形成了碳元素。

弗雷德·霍伊尔从理论角度出发研究这个反应时，并不知道碳元素的能级是否真的是那个数值。但由于我们的宇宙存在碳元素，因此他曾预言碳元素的能级恰好是那个数值。人们根据这个预言进行实验后发现确实如此。

霍伊尔在做出这个预言时，还没有出现“人择原理”这个词，但可以说这个预言就是根据人择原理得出的，毕竟碳元素是人类生存必不可少的元素。这就意味着“因为有人类的存在，所以自然就必须拥有这样那样的性质”这个预言完美成真了。目前，人择原理的实际应用例子并没有那么多，霍伊尔的这个预言算是展示人择原理意义的具体示例之一。

9.3 弱人择原理和强人择原理

布兰登·卡特认为人择原理分为两类：弱人择原理和强人择原理。

弱人择原理指的是人类处于宇宙中特别适合生命生存的地方。比如，宇宙的年龄是138亿年。对此，物理学家罗伯特·迪克认为，宇宙的年龄之所以不是10亿年也不是1 000亿年，而是138亿年是有其理由的。

如果宇宙形成只有10亿年，这个时间就不够碳和氧在星体中形成并扩散至宇宙空间。而如果宇宙有1 000亿年时间，宇宙的天体就会过于“老化”，像太阳这样的恒星就会消失，而地球这类行星也无法长期维持稳定的公转。

无论时间过长或是过短，像地球这样的环境都不会存在于宇宙之中，所以现在人类观测出宇宙的年龄是一百多亿年是理所当然的。这就是弱人择原理的一个例子。

我还可以举一个更易懂的例子来解释弱人择原理：为什么人类只能生活在地球表面呢？首先，人类无法在地心到地面的这一段地底自由活动，所以这里不适合有智慧的生命生存。而空中又没有落脚点，人类在上面很快就会掉下来。如果再往高空走就会因为没有空气而无法生存。从人类生存的时间范围和空间范围都受到限制这一点来看，弱人择原理确实是理所当然的。

人类只能在地球表面生存

另一方面，霍伊尔关于碳元素的能级预言属于强人择原理。在宇宙的任何时间或场所，碳元素的特性都是一样的，并非只在现在的地球附近才拥有其特性。像这样，试图解释“为何宇宙整体会有共通的性质”“为什么是那个数值”这类问题的便是强人择原理。

9.4 将强人择原理变为弱人择原理的多重宇宙

当我们在思考强人择原理成立的理由时，如果宇宙只有唯一一个的话，就很容易导向“宇宙是为了创造人类而存在的”，又或者是“人类存在所以宇宙才存在”等这样难以理解的结论。但如果有多重宇宙，强人择原理便容易理解了。多重宇宙意味着存在无数个宇宙，每一个宇宙都拥有略不同于其他宇宙的特性。

由于生命诞生的条件相当严苛，因此随机选择的话，其中绝大部分宇宙上面应该是没有生命诞生的。但即便概率再低，只要有无数个不同的宇宙，其中就肯定会有能够让生命诞生的宇宙。我们存在于这个宇宙，至少说明满足条件的宇宙已经有一个了。这样一想，我们生活在这个特别的宇宙中，我们的宇宙为生命的诞生调整到合适的状态，这也就不足为奇了。如果将多重宇宙整体看作一个巨大的宇宙，那我们只不过是正好处在一个特别适合生存的地方而已。而这个想法也恰好与弱人择原理的观点一致。由此可见，如果有足够多的多重宇宙存在，那强人择原理和弱人择原理也就没有什么区别了。

9.5 多重宇宙并非唯一的答案

如果能够认可多重宇宙的存在，那么人择原理的问题也就很好理解了。但现状是人们仍无法确认多重宇宙的存在，因此目前多重宇宙也只是纯粹的理论猜想。也就是说，由于现在没有人能够证明多重宇宙的存在，所以信不信多重宇宙的存在完全取决于个人。也许有些读者希望我在这里能够明确这个问题的答案，但目前来说，我真的无能为力。

人择原理是否在间接告诉我们多重宇宙的存在呢？还是说，宇宙中有生命这件事还有其他更真实的理由呢？

说不定，多重宇宙其实只是纸上谈兵。如果我们无法直接观测到多重宇宙，那可以说多重的宇宙存在吗？顺着这个思路，我们就会开始思考一个哲学问题——究竟所谓的“存在”是什么？

“何为存在”这个哲学问题并非与物理学毫无关系。这个问题在20世纪20年代量子力学被提出时便获得了大量的讨论。因为量子力学已经证明了物理上的存在与观测并非毫无关系。

虽然目前尚不知道这个想法是否能够推广至宇宙整体，但物理学家约翰·阿奇博尔德·惠勒提出了宇宙自身与观测并非没有关系这个观点。这个观点认为，正是因为有了观测宇宙的观测者，宇宙才会存在。

根据这个观点，我们可以认为如果没有像人类这样的观测者，那宇宙根本就不会存在。虽然这个观点由于比较过激，并没有得到很多人的认可，但约翰·阿奇博尔德·惠勒在量子力学和相对论领域是造诣颇深的学者，因此他提出的观点还是很有分量的。由于这个观点不需要依赖多重宇宙便能解释强人择原理，因此也被称为“参与性人择原理”。

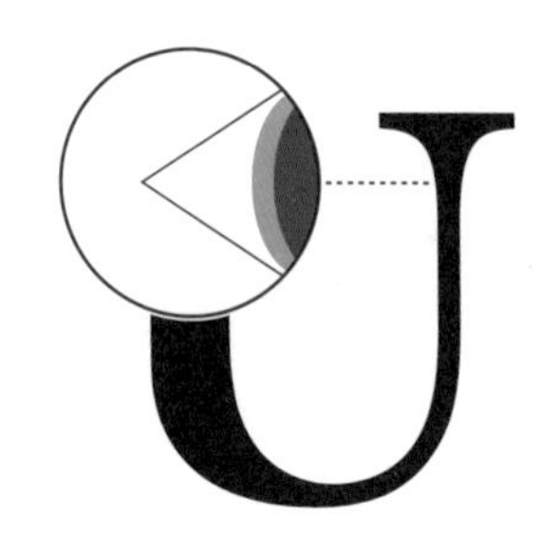

惠勒在解释“参与性人择原理”时所使用的图。这张图片指的是宇宙U是在其内部有了观测者以后才形成的

此外，惠勒还在参与性人择原理的基础上提出了进一步的观点，他认为宇宙本身只不过是观测者在信息处理过程中看到的最表象的东西而已，事物的本质其实都是信息，人类认为的现实世界其实并不像人类想的那样。

9.6 万物源于比特

惠勒最开始支持量子力学中多世界诠释的观点。多世界诠释是惠勒的学生休·艾弗雷特三世最先提出的观点。艾弗雷特在将这篇论文发表在学术杂志上时，惠勒还写了一篇支持学生论点的文章，刊载在该杂志的同一期上。

但随后惠勒的观点与多世界诠释渐行渐远。惠勒开始认为将无法观测的世界视作无数个这件事没有意义。于是，他摸索到了我们上面说的那个结论，即事物的本质都是信息。

惠勒将自己的这个观点命名为“万物源于比特”。比特是表示信息的最小单位，只有两种状态：0或者1。计算机所处理的信息全部以比特作为单位来表示的。

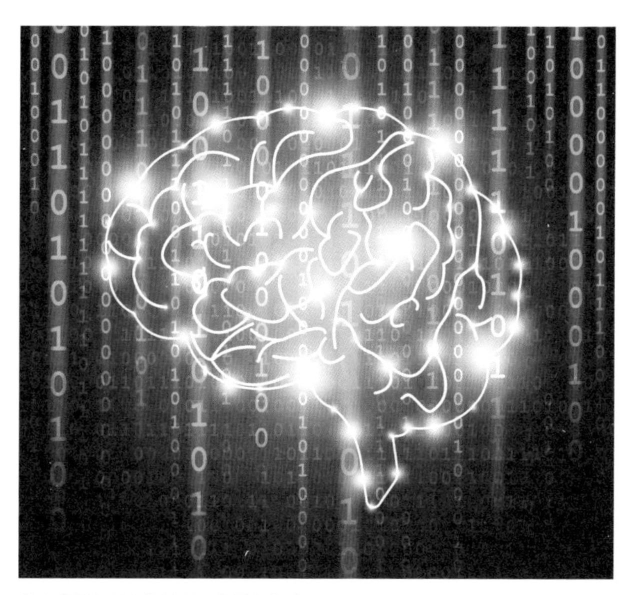

整个世界都是由比特展示的信息构成吗

我们在与通信公司签订购买智能手机的合同时，要选择3GB或者10GB等每个月的流量套餐。这里的“GB”是单词“Gigabyte”（千兆字节）的缩写，1 000GB等于1 073 741 824字节（B），这个庞大的数字其实来源于2的30次方，而1字节等于8比特。因此，1GB就相当于8 589 934 592比特。也就是说1GB意味着将0或1的信息收集了约86亿个。

像上面所述，信息就是通过比特的组合展现出来的。惠勒认为信息创造了这个世界，所以才使用了“万物源于比特”这个说法来概括自己的观点。

如果惠勒的观点正确，我们就不需要考虑多重宇宙是否存在了。因为人类看到的世界全都是由信息，即比特构成的表象上的东西。不用说多重宇宙了，就连我们生存的这个世界都不存在。即使在我们看来这个世界是存在的，它的实体也只是用比特表示的信息。

那里不光没有物质，就连时间和空间都不存在。人类感受到的所有事物都是大脑将信息进行处理后的结果，所以我们根本没有必要捕捉宇宙实际的样子。

9.7 人类居住在虚拟世界?

1999年，有一部叫作《黑客帝国》的电影上映。虽然这是一部差不多20年前的电影，但这部电影的世界观却非常超前，似乎暗示着现代社会或许会走上电影中被人工智能威胁的道路。基努·里维斯扮演的主人公其实是由电脑制作出来的，并且生活在一个虚拟世界。

现如今，在计算机科技的推动下，人工智能迅猛发展，我们无法断言这部电影中的世界今后会不会成为现实。在第一部分的内容中，我就曾为大家介绍了曾被预言将于2045年前后出现的“技术奇点”。对于人类来说最坏的“剧本”就是今后计算机自己创造出恶意的人工智能，并且试图支配人类；或者今后人类会被人工智能驱逐。

或许，这件事可能已经发生了：我们现在所认为的宇宙可能是由某个电脑创造出来的虚拟世界。其实我们一直居住在虚拟世界，生活在一个并非真实存在的世界上。

虽然这件事听起来有些可怕，但我们无法否认这种可能性：或许真的存在一种超前的智慧将我们的世界以虚拟世界的形式进行了程序设计。如果有一台超越了宇宙的超高性能计算机，可以将包括目前可观测的宇宙在内的信息都进行处理的话，这种事情是有可能发生的。没有人可以证明我们的宇宙不是虚拟出来的；当然，也没有人可以证明它是。

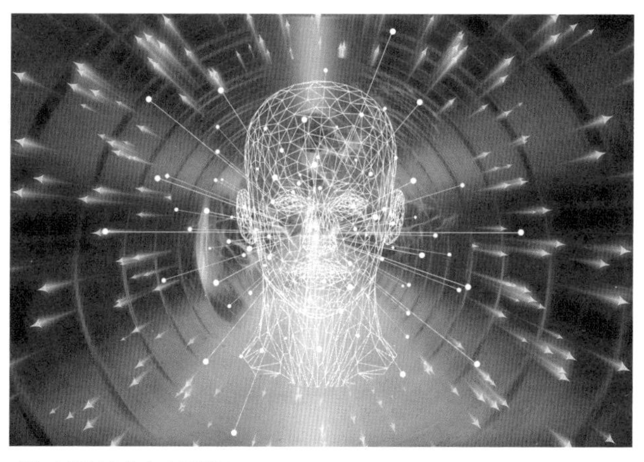

或许人类其实住在虚拟世界

图片来源：Pixabay/Gerd Altmann

我们的世界根据物理法则在运行，在我们的宇宙之中，物理法则在任何地方都是普遍成立的。为什么我们的宇宙拥有这样有秩序且普遍的法则呢？真是不可思议，但如果那是为了创造虚拟世界而进行的编程的话……

9.8 一切只是信息处理后的结果？

说到编程虚拟世界，可能有些读者脑中浮现出了拥有自己意志的神灵的样子，但其实并不一定要有神灵。还有一种可能性是存在一个与我们所知的宇宙完全不同的“某样东西”，这个“某样东西”会自动地将宇宙“制作”成虚拟世界。

比如说，在我们的世界中，人工智能不断创造出新的人工智能，其中即便没有人类的参与，也会自然而然地诞生更高级的人工智能。和这个道理相同，或许这个“某样东西”在不知不觉间就能够自动处理复杂的信息了，因此也就不一定非要有神灵存在不可了。

这个“某样东西”已经超越了时间和空间，所以应该和我们能想象到的按照时间数列进行计算的计算机有着巨大差异。时间、空间甚至其中的所有物质都被“某样东西”制作出的信息包裹，这或许就是惠勒所说的“万物源于比特”的真实面貌。

9.9 超越时空的尽头是什么

至此，我们思考了超越目前可观测的宇宙尽头后有什么，从无限广阔的宇宙到多重宇宙，再到虚拟世界，思考了各种各样的可能性。但最终这一切都是我们的推测。超越时空的尽头是什么这个问题，是对现代科学知识极限的挑战。

现在我们能观测到的宇宙，以地球为中心来看是半径为460亿光年的范围，在那之外还有什么，甚至是超越了时空后还有什么，我们无法实际得知。将来为了能够得到答案，我们必须突破观测的极限，观测到目前观测不到的范围。

虽然在大脑中进行理论思考非常重要，但要想真的了解，就必须进行实际的确认。我们可以期待今后人类能够研发出虫洞，或者科技能有卓越的进步。

如果人类发现了打破现如今观测技术极限的新原理，就能够观测到现在观测不到的更遥远的宇宙，届时我们的知识领域也一定会扩展得更宽。对于超越时空的尽头是什么这个问题，我一边期盼着终有一天能够揭开它神秘的面纱，一边展开想象的翅膀享受着对于未知的兴奋。

附录 以相对论的宇宙飞船计算往返旅行

在正文中，为了去往太空中离地球十分遥远的地方，我们设计了一个在飞往目的地的前半程以1g的加速度加速、后半程以1g减速的宇宙飞船，并将其命名为“1g宇宙飞船”。在此，对于那些对文中出现的所需时间、数值根据等相关计算感兴趣的读者，我利用数学公式为大家进行解释。对数学公式不感兴趣的读者，即使略过这部分，也不影响阅读正文。

如果这个1g宇宙飞船进行以年为单位旅行的话，宇宙飞船的速度就会接近光速，而相对论的效果就会显现。根据浦岛效应，宇宙飞船内的人和地球上的人就会出现时间差。而各自的时间究竟过了多久，我们是可以通过相对论计算出来的。在此，我为各位读者展示具体的计算公式，并将其做成图表。

首先，我们将从地球出发到目的地之间的距离设为x。出发时从起点到中间地点（从0至$\frac{x}{2}$）的路程以加速度g加速，之后的距离（从$\frac{x}{2}$至x）再以加速度g减速前进，最后在目的地停下来。返回时则相反，朝着地球以加速度g一直加速前进到中间地点，然后后半程以加速度g进行减速，最后到地球停止。但这个加速度其实是乘坐宇宙飞船的人感受到的加速度。从地球上看，宇宙飞船的速度不可能超过光速c，因此当宇宙飞船的速度渐渐接近光速时会渐渐停止加速。

然后，我们将这个往返旅行所需要的地球上度过的时间设为t，乘坐宇宙飞船的人感受到的时间为T，根据相对论，二者的关系可得出下面这个结果：

$$t=\frac{4c}{g}\sinh\left(\frac{gT}{4c}\right) \qquad \cdots\cdots(1)$$

此外，当旅行者往返花费的时间为T时，到目的地的距离还有：

$$x=\frac{2c^2}{g}\left[\cosh\left(\frac{gT}{4c}\right)-1\right] \qquad \cdots\cdots(2)$$

但c是真空中的光速，并且$\sinh z=\frac{e^z-e^{-z}}{2}$、$\cosh z=\frac{e^z+e^{-z}}{2}$分别是被称作双曲线正弦函数和双曲线余弦函数的函数。

从上面（1）、（2）两个公式可以导出：

$$t=2\sqrt{\frac{x^2}{c^2}+\frac{4x}{g}} \qquad \cdots\cdots(3)$$

$$T=\frac{4c}{g}\ln\left(1+\frac{gx}{2c^2}+\frac{g}{2c}\sqrt{\frac{x^2}{c^2}+\frac{4x}{g}}\right) \qquad \cdots\cdots(4)$$

这里的ln表示自然对数的函数。根据这些公式，当我们知道了到目的地的距离x后，就能够算出地球上度过的时间和旅行者的往返时间了。不过，这些计算公式是计算往返移动所花费的时间，如果在目的地还有滞留时间的话，只需要将这个时间加在往返时间里即可。

如果距离x足够小，$x \leqslant \frac{c^2}{g}$成立的话，从上面的公式就可以得出$t \fallingdotseq T \fallingdotseq 4\sqrt{\frac{x}{g}}$。此时，浦岛效应无法发挥，时间偏差可以忽略不计，即便使用牛顿力学得到的结果也是一样的。也就是说，浦岛效应发挥明显是有条件的，只有当距离比$\frac{c^2}{g}$远才可以。当加速度g等于地球的重力加速度1g时，这个距离$\frac{c^2}{g}$就相当于1光年左右。如果要去的地方比这个还要远的话，就是公式（3）中的$t \fallingdotseq \frac{2x}{c}$，移动中的绝大部分时间都将以极其接近光速的速度前进。

上面几个公式，只要将单位统一，那无论是哪种单位，体系都是成立的。正文中时间的单位是“年”，而距离的单位是“光年”。在这个单位下，光速c=1（光年/年），加速度的大小1g=1.0323（光年/年的二次方）。将这些数值代入公式（1）至（4），就能得到正文中所使用的那些数值了。

图A-1是由公式（1）导出的宇宙飞船内度过的时间和地球上度过的时间的图示化结果。首先，我们要注意纵轴为对数。通过图示我们可以很明显地看出，在长达数年的旅行中，地球上的时间以肉眼可见的速度变快，如果是5年以上的旅行，地球上的时间比起宇宙飞船内的时间呈指数函数增长。旅行时间为10年的话，地球上度过的时间是宇宙飞船内的时间的将近2.5倍，20年的话则是将近17倍，30年的话则达到了150倍。也就是说，旅行时间每增加10年，地球上的时间就比宇宙飞船内的时间快一个数量级。

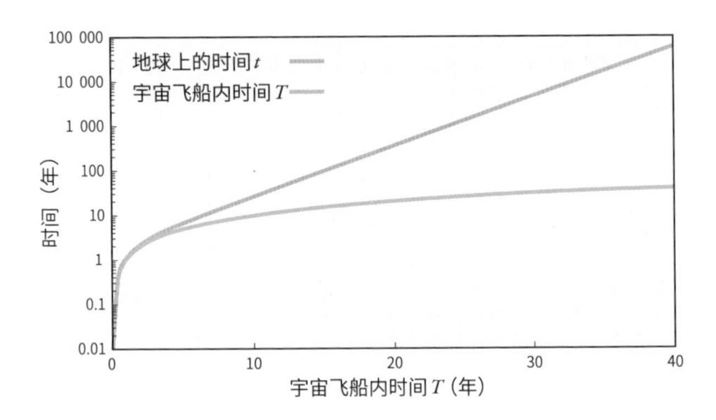

图A-1　利用1g宇宙飞船，以飞船内时间T年进行往返旅行，地球上经过的时间为t，本图为二者的对比

图A-2表示的则是根据公式（3）、（4）导出的到达目的地的距离x以及往返所需的地球上及宇宙飞船上的时间t、T。看这张图的时候我们也要注意纵轴和横轴为对数。以1光年为界，宇宙飞船内的时间和地球上的时间拉开了极大的差距。

但是，如果要去超过10亿光年的地方，我们就不能继续忽视刚才的计算中没有包含的宇宙膨胀的效果了。因为远方的宇宙会跑到更遥远的地方，并且由于现在的宇宙正

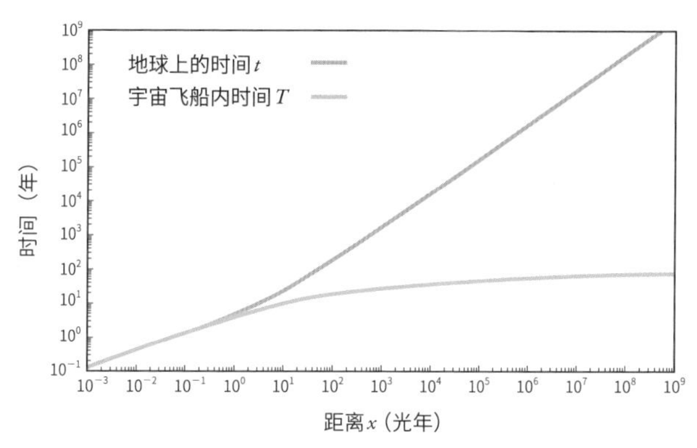

图A-2　利用1g宇宙飞船，到达距离x光年的目的地往返所需的时间（年）

在加速膨胀，即便宇宙飞船能够以光速追赶，也会有追赶不上宇宙膨胀速度的极限距离。这个距离以现在的宇宙来测量的话是160亿光年左右。在160亿光年以外的宇宙，无论宇宙飞船速度多么快、花费多长时间我们都无法到达。这个距离也被称为“宇宙地平线”。

同样的道理，如果我们去的地方太远，那么无论花费多长的时间都再也无法回到地球。受宇宙膨胀的影响，返程的距离变得比去程更长，当从目的地打算返回地球上，地球却跑到了视界线以外了。此外，如果宇宙飞船要去10亿光年以外的地方来一趟往返旅行的话，就要花费相当于人一生中80年的时间。所以如果我们乘坐宇宙飞船进行时空之旅后还想要返回地球的话，最好不要将宇宙飞船的目的地设定在10亿光年以外的地方。

索 引

名词、术语

人　名

参考文献

キップ・S・ソーン著『ブラックホールと時空の歪み—アインシュタインのとんでもない遺産』(林一・塚原周信訳、白揚社、1997年)

C・W・ミスナー、K・S・ソーン、J・A・ホィーラー著『重力理論』(若野省己訳、丸善出版、2011年)

J・リチャード・ゴット著『時間旅行者のための基礎知識』(林一訳、草思社、2003年)

真貝寿明著『図解雑学　タイムマシンと時空の科学』(ナツメ社、2011年)

スティーブン・W・ホーキング著『時間順序保護仮説』(佐藤勝彦監訳、NTT出版、1991年)

ポール・ディヴィス著『タイムマシンをつくろう!』(林一訳、草思社、2003年)

マックス・テグマーク著『数学的な宇宙』(谷本真幸訳、講談社、2016年)

松原隆彦著『現代宇宙論』(東京大学出版会、2010年)

ミチオ・カク著『サイエンス・インポシブル』(斎藤隆央訳、NHK出版、2008年)

レイ・カーツワイル著『ポスト・ヒューマン誕生：コンピュータが人類の知性を超えるとき』(井上健訳、NHK出版、2007年)

ロナルド・L・マレット、ブルース・ヘンダーソン著『タイム・トラベラー』(岡由　実訳、竹内薫監修、祥伝社、2010年)

J.D.Barrow.Living in a simulated,in Universe or Multiverse?,B.carr(ed).Cambridge University Press,2007

P.Davies,Universes galore:where will it all end?,in Universe or Multiverse?.B.Carr(ed.),Cambridge University Press,2007

J.A.Wheeler,Information physics,quantum;The search for links,in Complexity.Entropy,and the Physics of Information,SFI Studies in the Sciences of complesxity.voL VIII,W.H.Zurek(ed.),Addison-Wesley,1990

宇宙时空穿越指南

[日]松原隆彦 著

曹倩 译

图书在版编目（CIP）数据

宇宙时空穿越指南 / (日) 松原隆彦著；曹倩译
. — 北京：北京联合出版公司，2022.3 (2022.11重印)
ISBN 978-7-5596-5767-1

Ⅰ. ①宇… Ⅱ. ①松… ②曹… Ⅲ. ①宇宙－普及读
物 Ⅳ. ①P159-49

中国版本图书馆CIP数据核字(2021)第247510号

出 品 人　赵红仕
选题策划　联合天际·边建强
责任编辑　夏应鹏
特约编辑　赵雪娇
美术编辑　程　阁
封面设计　张海军

出　　版　北京联合出版公司
北京市西城区德外大街 83 号楼 9 层　100088
发　　行　未读（天津）文化传媒有限公司
印　　刷　北京雅图新世纪印刷科技有限公司
经　　销　新华书店
字　　数　130 千字
开　　本　787 毫米 ×1092 毫米 1/32　7 印张
版　　次　2022 年 3 月第 1 版　2022 年 11 月第 2 次印刷
I S B N　978-7-5596-5767-1
定　　价　58.00 元

关注未读好书

未读 CLUB
会员服务平台